图解城市规划

刘 征 著

中国建筑工业出版社

图书在版编目（CIP）数据

图解城市规划／刘征著. —北京：中国建筑工业
出版社，2020.12（2022.4重印）
ISBN 978-7-112-25552-8

Ⅰ. ① 图… Ⅱ. ① 刘… Ⅲ. ① 城市规划−图解 Ⅳ.
① TU984-64

中国版本图书馆CIP数据核字（2020）第185883号

责任编辑：刘　丹　徐　冉
书籍设计：锋尚设计
责任校对：李美娜

图解城市规划

刘　征　著

＊

中国建筑工业出版社出版、发行（北京海淀三里河路9号）
各地新华书店、建筑书店经销
北京锋尚制版有限公司制版
北京市密东印刷有限公司印刷

＊

开本：787毫米×960毫米　1/16　印张：15¼　字数：268千字
2021年1月第一版　　2022年4月第三次印刷
定价：**68.00元**
ISBN 978-7-112-25552-8
（36521）

城市是人类生存的生活世界的集合体，是人的生活方式的一种显现。

城市，几乎与每个人相关，即使是在远离城市的偏僻乡村生活的"乡下人"，如今也离不开城市里生产的某些生活必需品，更不用说现在由"城里人"发明和产生的各种网络的"波"也已波及"穷乡僻壤"了。城市的产生是人类步入文明社会的一大标记，城市的发展更是人类文明的成果。

城市虽然几乎与每个人相关，但即使是那些生于斯长于斯的"城里人"，也未必对城市很了解，城市对大部分人而言也都会"说不清，道不明"。这本《图解城市规划》，正如作者所言，力图用简洁而艺术的方式来解说城市，"城市就是一座容器，它容纳了我们的生活，我们的梦想，我们的历史。"

从城市的发展简史中我们可以发现，人的生存是一种动态和选择的过程，人的生存可以表现为各种可能性的生活方式，作为人的生活方式显现的城市也就具有各种可能性，它是依据人自己的各种可能性的自由选择，在造就自己的过程中而造就的显现形式。人历史性地造就和改变着城市，城市也在历史性地影响和改变着人类的生存与发展。

城市是人类文明的产物，从人类开始建造城市起就开始产生和积累"谋划"自己更好生存和生活环境的智慧、知识与技术，而这就是城市规划的发展史。动物的"生态智慧"在于"服从大自然的规律"，改造自身以适应环境，并把这种适应性遗传给其后代以"适者生存"；而人类的"生态智慧"在于改造环境，创造人工环境以适应自身不断发展的需求、提高生存和生活质量，并传承于后代以"适于生存"，这就是人类的"理性"。但是人类的理性发展至今又出现了"自反性"的后果，促使人类进行反思而走向更高的理性，即与自然和谐共生的"生态智慧理性"——"自为+自律"。这就是现代城市规划的发展史。

城市规划是人们对自己生存、生活的城市环境的谋划、建构与改造的史诗般连续剧的脚本，城市规划发展至今已愈来愈是一种"众创本"，体现了社会各界、各种群体的合力共创的"交往理性"。城市规划既是一门学科，一种职业工作，也是一个政府职能；城市规划既有思想、有理论、有技术、有管理的制度法规，更多的是有世界上各类不同城市的实践和创造。所有的这一切都指向一个"初衷"或"终极目标"——"城市，让生活更美好！"

然而这样一种"众创本"的城市规划，以及在其中涉及专门从事该事业、被称为"城市规划师"的专业人士的工作，却不一定能得到众人的了解和理解。在我们的日常生活中，还常常当有某些不顺意的现象出现之时，会被归之于"都是规划惹的祸"。于是，对于城市规划的知识，是"众创本"的各类参与者的一种"常识"，对城市规划知识的普及和教育就应当是规划师们工作的一个不可忽视的部分。

这本《图解城市规划》以图文并茂、深入浅出、引人入胜的文字和图解，在普及城市规划相关知识以及有助于理解城市规划师的职业工作方面，作了相当有益的工作，不失为一本开卷有益的书。作者刘征博士，在其于同济大学师从本人攻读博士学位期间，就表现出了思路敏捷、富有创新能力和表现力特强的"手上功夫"。毕业以后的十多年来，他在其热爱的城市规划设计工作上已积累了大量的实践经验。这本著作，就是在其积累多年的思索和实践中"酸甜苦辣、喜乐悲愁"的总结。特别是书中第五章第四节的"如何参与一项规划"，对于那些初入城乡规划和国土空间规划工作的年青规划师而言，一定会很有帮助和收益的。

相信它将会是一本广受欢迎的书。

马武定

2020 年 6 月 18 日于厦门

目录

第一章
城市与规划概述

第一节
城市的概念

要了解城市规划必须要了解城市，而城市却是一个很难说清楚的概念。

从字面上来看，城市是"城"与"市"的组合词。"城"是为了防卫，并且用城墙等围起来的地域，"市"则是指进行交易的场所。这两者都是城市最原始的形态和功能需求，但目前我们所认识的城市功能远远超出了这两个范围。

从地理学的解释来看，城市的概念主要是相对乡村而言的，是非农业产业和非农业人口集聚形成的较大居民点。

从经济学的解释来看，城市是具有相当面积，经济活动和住户集中，以致在私人企业和公共部门产生规模经济的连片地理区域。或者是一个坐落在有限空间地区内的各种经济市场相互交织在一起的网络系统。

从社会学的解释来看，城市被定义为具有某些特征的、在地理上有边界的社会组织形式。其中人口相对比较多，密集居住，并有异质性。

以上每一个角度都解释了城市的某个方面的特质，但对于生活在城市里的人来说，这些解释都远远不能涵盖城市的丰富性。城市的定义很难概括性地给出，我们只能通过对城市特征的一些梳理来表述其定义。

首先，城市应该是人高度聚集、积极活动的场所，其空间规模应大于同时代其他的聚居点，例如古代的罗马城、长安城，现代的纽约、上海等城市。大量的人口和高度的聚集使城市丰富的社会生活成为可能。

其次，城市与周边自然环境之间有比较明确的界限。在古代，城市一般都是有城墙的，防卫城市不被外敌袭扰。在现代，城市和其周围自然环境不一定有明显的空间上的分野，但城市的界限一般和行政管理、土地价格、福利水平等联系在一起，同样清晰可见。

第三，城市内部有着明确的劳动分工，这种分工不仅体现在统治者和其他人之间，也体现在不同行业、不同地位的人之间。由不同的分工，产生不同的社会地位和收入水平，也决定了对于城市不同的影响力。这种分工加大了城市不同于乡村的社会关系复杂程度。

城市是一座容器

第四，城市及其周边地区有着足够的资源，一方面能支撑城市的运作，另一方面能够促成市场交易的形成。频繁的交易活动是城市财富的主要来源，并推动了工业、服务业等产业的发展，有了不同于其他地区的生产力。

第五，城市的空间实体有着不同于乡村地区的明显特征。不论是用于宗教的需要，还是由于行政管理、历史记忆的需要，自古以来的城市都具有一些标志性的建筑或城市空间。同时，由于其复杂性，城市的空间肌理也会区别于乡村。

以上五条特征既体现在物质上，也体现在文化上，如凯文·林奇所说："城市的形式、它的实际功能以及人赋予城市的思想和价值共同造就出这一奇迹。"城市，就是这样一个复杂的奇迹。

让我们抛开各种穷尽分类的概念定义，用更简洁而艺术的方式来表达，那么城市就是一座容器，它容纳了我们的生活、我们的梦想、我们的历史。打开它，酸甜苦辣、喜乐悲愁、得到与失去，都一同绽放出来。

第二节

城市的维度

　　随着城市的发展壮大，现代城市已经成为容纳百千万人生活工作的巨系统，要想全面认识一座城市是很困难的。不论是在城市里生活的普通人，还是专门研究城市的专家学者，想要整体感知一座城市，应当从不同的维度。

　　从个体的认知角度出发，从最直接的视觉感知，到具体的功能使用，再到形而上的概念认识，我们可以将感知城市分为几个圈层：看见的城市、使用的城市、定义的城市和看不见的城市。

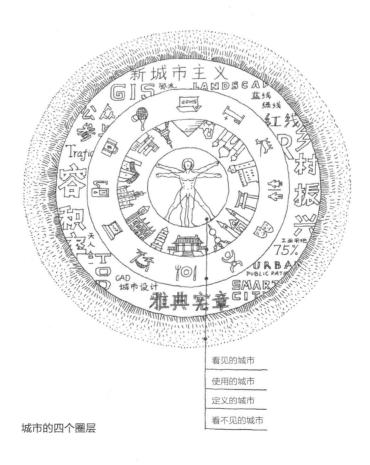

看见的城市

使用的城市

定义的城市

看不见的城市

城市的四个圈层

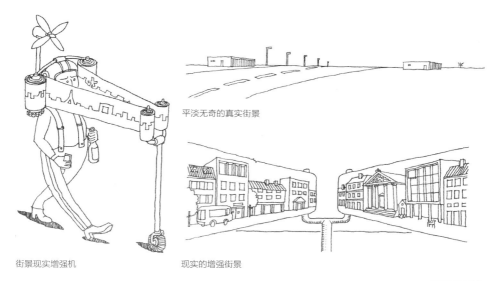

平淡无奇的真实街景

街景现实增强机

现实的增强街景

看见的城市
（临摹自 "*MATTIAS UNFILTERED*"，by Mattias Adolfsson）

　　看见的城市很容易理解，就好像是一个人身处上海南京东路步行街，睁开眼就能看到熙熙攘攘的人流、五光十色的店招和远处陆家嘴的天际线。看见的城市构成了我们认知城市的第一印象。看见的城市有共同性，但也有不同的个人化体验。从共同性来看，每一个到达北京天安门的人，都能在视觉上识别出天安门、人民英雄纪念碑、人民大会堂等标志性景物，这些景物是超越个人寻常生活之上的产物，必然会在人的视觉上留下深刻的印记。但对于不同的个体来说，由于个人经验和知识水平的不同，关注到的城市信息其实是不同的。比如说一个雕塑专业的学生，就会对人民英雄纪念碑台基的浮雕产生更多的兴趣；一个学过《我爱北京天安门》的学龄前儿童，会对天安门城楼和毛主席像更为热衷；而一个内急的游客，可能更焦急地寻找公共厕所的标识。看见的城市一定是真实的城市吗？其实也不一定。在人自身的视知觉筛选下，其实真正能够进入大脑，产生有关城市的有意义的信息，都被过滤了。特别是经过一段时间，我们再回忆曾经看过的城市，更增添了一道"玫瑰色"的滤镜，城市平凡细碎的状态都缺失了，只留下了最具标志性的高光时刻。

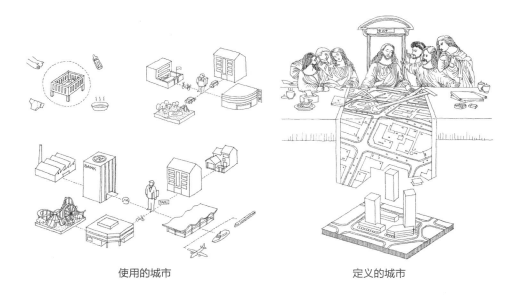

<table>
<tr><td>使用的城市</td><td>定义的城市</td></tr>
</table>

　　使用的城市是指一个人在城市中生活或者游历时，必然要与城市发生密切的使用关系。乘坐旅游大巴走马观花式游览城市的游客，也必然要下车拍照、买纪念品、就餐住宿，通过这些服务，游客们能感受到城市管理的水平、城市服务的细节，甚至城市文化的差异。生活在城市之中的人，和城市发生功能联系就更为密切了。一个人从出生开始，就包裹在城市无微不至的服务中。婴儿时期主要是通过父母等照料者来与城市发生联系。随着年龄增长，儿童的生活将离开家庭，与幼儿园、学校等教育设施，与公园、商场、博物馆等服务设施发生关系，到达这些场所，也会使用城市的各种交通工具。成年后开始工作，人的活动范围扩大、人与城市的功能联系更加丰富，新增加了工作场所、消费场所。在一些公共服务部门工作的人还可以参与部分城市的运作管理，会对城市有更深切的认识。在城市的使用过程中，一个人会形成特定的生活习惯和价值判断，可以说通过人对城市的使用，城市反过来塑造了人的行为。

　　普通人感知的城市是琐碎而细小的，虽然有着个体差异，但也有着某些共性。为了对城市的运作进行研究，并进行有效的管理，借助文字这一重要的工具，我们创造出了定义的城市。借助定义化的城市，我们可以就某些问题总结出一些普遍规律，通过分析研究找到一些问题的解决办法，并且将有关城市的认识和经验一代代传承下去。定义的城市还可以是在某一些专业语境中、在某一类有着共同语境的人群中建构的概念中的城市。比如，对于城市规划管理者、建筑师和开发商而言，容积率、建筑

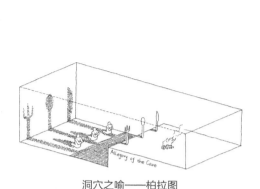

洞穴之喻——柏拉图

《看不见的城市》——伊塔洛·卡尔维诺

密度、绿地率、建筑红线、后退距离等，就是一个专门为城市开发搭建的城市语境，在这个语境下，利益相关者可以进行有效的沟通协商，最终完成房地产开发这一项具体工作。定义的城市是对城市某一个部分的形而上的概括，它可以用来进行学术建构和指导具体的城市运营，但它并不是一个实体的存在，它和真实的城市犹如物与影的关系一样，失去了物体，影子也就不复存在了。

相对于个人的感知和专项的研究，现代城市仍然有相当大的部分隐藏在我们视线之外，我们可以把它们叫作看不见的城市。按照古希腊哲学家柏拉图的"洞穴之喻"，真理并非直接可见。就犹如几个因犯从小就被禁锢在一个深邃的洞穴中，像达摩面壁一般只能正对洞穴的墙壁。在他们后方有一个火堆，火堆前有人拿着各式各样的物体经过。因犯所能看到的就是这些物体投射到墙壁上的影子，这就成为他们对这些物体的认识。只有当某个因犯挣脱了束缚，回身向火光方向望去，才能看到物体的真实样貌，获得正确的知识。柏拉图用这一比喻来形容对真理的认识是需要付出努力去获取的，日常所见只是真理的影子。我们将这一比喻来形容城市，真实世界的城市犹如火堆前面的物体，是不可触碰的，大多数人能认识到的城市，只是真实世界在个人生活经历中的片段投影。著名的意大利作家伊塔洛·卡尔维诺以《看不见的城市》为名创作了一部中篇小说，小说中借用马可波罗和忽必烈之口，对城市进行了现代性的描述。现代的巨系统城市无限扩张，城市规模远远超出了人类的感受能力，这样的城市已经成为一个无法控制的巨兽。看不见、不可认知、不可控制的城市，引发了后现代主义学者的联翩浮想。

第三节
规划的概念

　　规划并不仅仅存在于城市发展领域，而是遍布于各个行业和领域，甚至在我们的生活中。从学生时代安排自己每天的学习计划，到毕业工作规划自己的职业生涯；从一个创业者辛苦打工攒钱自己开店的愿望，再到大商人赚一个亿的小目标；从一个城市谋划重大基础设施建设，再到一个国家推进经济发展的总体方针，都带有强烈的计划性，目的明确，手段各异。正是大量具有前瞻性的规划活动，带动了人类个体与社会的稳步发展。一般而言，规划是一种有意识的系统分析与决策过程，制定者通过增进对问题各方面的理解以提高决策的质量，并通过一系列分析决策保证既定目标在未来能够实现。

　　规划具有目标性、综合性、系统性、时间性、强制性等特点。一项规划制定的出发点在于个人或组织想要达成某一目标。这一目标应该是有一个时间限制的。围绕这一目标和既定的时间，个人或组织

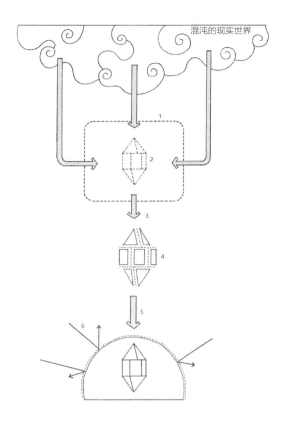

混沌的现实世界

1　划定研究范围
2　描画未来愿景
3　关注明确情景
4　研究交互关系
5　拟定视线路径
6　降低干扰概率

规划的必要性
（资料来源：孙施文，现代城市规划理论. 北京：中国建筑工业出版社，2007.）

会将目标分解为很多阶段，将工作落实到具体的时间阶段。对于需要多人合作或者多组织协作的复杂目标，还会将任务分解落实到每一个个体头上。为了确保目标的实现，个人会通过给予自己奖惩措施，组织会提出更加系统的制度来保障实施。

不论何种场景，一项系统性的规划工作，需要首先界定研究范围，然后通过考察借鉴和前期研判，描绘出工作所需要创造的愿景。比如一个升入高中的学生要制定未来三年的学习计划，需要根据自身的学习能力和学校的升学率，选好自己心仪的大学。愿景是一个让人值得努力奋斗的目标，但达成愿景需要很多的努力和具体的要求，就需要根据自身特点，对语数外等科目需要达到的分数、自己的差距等有一个清晰的认识，这就是关注明确场景。然后将拟定推进的路径，将要达到的具体学习目标转化成学习任务，把任务再分解到每一学期、每一个月、每一周，并且要有检查落实的机制。三年的学习过程是一个较长的时间，过程中一方面要排除游戏、早恋等干扰，还要根据自己的学习进度不断修正计划，一直坚持到发榜的那一刻。学习如此，一座城市的发展也是如此。如果一座城市想要从区域中心城市变成国际性大都市，也要分别确立自身在产业发展、交通发展、城市环境、服务设施等方面的目标体系，明确现实与目标的差距后，就需要拟定一系列重大项目，制定一系列政策，或者再开辟出新一片经济开发区，然后为每一个目标设定年度计划，稳步向着目标迈进。和个人学习相比，一座城市的发展需要调动社会各方面的力量，也存在着许多需要协调的矛盾和需要更新的机制，这也需要规划推进过程中有效沟通，想出新的办法去解决，避免因为暂时的困难让推进工作停滞不前。孙子云："谋定而后动，知止而有得"，规划所秉承的战略部署和有效执行，是引领个人、组织乃至国家未来发展的成功要诀。

从专业角度来说，城市规划是规范城市发展建设，研究城市的未来发展、城市的合理布局和综合安排城市各项工程建设的综合部署，是一定时期内城市发展的蓝图，是城市管理的重要组成部分，是城市建设和管理的依据。城市规划的核心在于它是一项有计划的工作，工作的主要内容是按照一定的目标去改变城市空间和相关的各种资源。

城市规划作为城市发展专有的工作方法，有着悠久的历史。城市是人类社会的创造物，与人的关系是十分密切的。人们创造了城市，而城市又反过来影响了人们的生活。从生活的视角来看，城市的物质形态和空间环境与人的感知结合在一起，构成了生活经验的一部分，人们对这一环境有意识或者无意识的塑造，成就了最原始的城市规划概念。这种原始的城市规划行为可以说伴随着人类聚居点的诞生就开始了，在漫长的历史长河中，通过生活和建设的积累，在全世界各个文明的历史上都留下了深刻的印记。这些富有特色的城市城镇形态，无论其规模大小，无论其是自发形成还是统一设计，都隐含着按某种规划设计价值取向的视觉特征和物质印痕，也体现出不同文明为同一个目标协同创造的壮举。

第四节

城市规划的主体

城市规划作为一项目的明确的城市公共政策，城市政府部门的人员和规划设计人员无疑是主要的参与者，但一项规划要真正实现，还需要社会上各个主体主动或被动地参与。我们可以将城市规划的参与者们分为五种类型：城市管理者、规划设计人员、规划管理者、城市开发者和城市使用者。

1. 城市管理者

作为城市规划的主要决策者，城市管理者们将城市看作一个经济社会实体，其最基本的价值驱动是完成所在岗位要求的工作业绩。由于城市管理者所处的政治框架要求，他们一般会利用其控制的资源，作出他们认为适合城市发展的决策，在任期内尽可能好地"经营城市"，使城市的社会效益和经济效益最大化，并能通过数字的形式或者具体项目的形式体现出来。这种城市管理者的"发展观"，在中国当代政治社会条件下，主要体现在经济增长、形象改善和民生改善等方面。

在经济增长上，通过城市规划扩大城市规模、通过土地一级开发整理出经营性用地投入市场，用卖地所得的收入再来进行城市建设，是过去二十年城市"土地财政"带动城市发展的"秘诀"。除了"土地财政"，通过规划安排重大产业项目，改善城市基础设施招商引资，也是推动城市经济发展的重要工作。

很多城市管理者认为，一个有吸引力的城市形象是招商引资的首要条件，所以在视觉维度上的某些秩序化、结构化的东西被重点强调。虽然经常出现城市管理者要求照搬某国某地风格的做法，但在现实中，这种视觉维度上的强化还是对城市品牌形象起到了一定的积极作用。

民生问题也是城市管理者关注的重点。通过对旧城的大规模改造，改善老城区居民的居住条件；通过对学校、医院、公共交通、公园等设施的建设，提高城市的服务水平，这些工作是规划中城市管理者工作的主要内容，会落实到每一年的政府工作报告中。

作为目前城市规划过程中影响最大的力量之一，城市管理者的专业水平、工作能力、审美偏好无疑会强烈影响城市的发展。如何"向权力讲述真理"，无疑是规划设计人员首要考虑的问题。

2. 规划设计人员

规划设计人员是城市规划过程中最为专业的人员，他们将按照城市规划学科体系的要求，制定符合专业原则的最优方案。为城市管理者提供决策的参考，也为城市规划主管部门提供具体项目管理的依据。

一个理想状态的规划设计人员应该是全能的，对城市的不同层面都有清晰的认知，理解城市不同群体的需求，知道各种规划手段在实践中的利弊，能在工作中坚持公共利益的最大化。

但是，规划设计人员并非隔绝在专业世界的象牙塔中。在设计市场上，其规划方案获得认可，并得到相应的经济回报和社会评价是设计人员最基本的价值驱动。近年来，随着城市规划市场越来越市场化，规划设计人员为了争取市场，越来越多地向委托方的意见倾斜，越来越演变为政府或者开发商的一件消极工具。规划的目的只是为了使政府的行为变得合法化，或者是为了满足私人业主在土地开发过程中的利润增长。为了使甲方的行为合理化，规划设计人员有时候把功利作为自己的立足点，为此去不断地追求和提高规划的可行性。

从另一个方面来说，城市规划并非一个纯粹工程技术类的学科，它在实践过程中面临的政治、经济文化等方面的复杂性，也使得规划设计人员缺乏一个稳固的专业立场。规划设计人员在很多时候难以有力地说服甲方，使得自身这种工具感更为强烈。

当然，不同背景的规划设计人员的话语权也是不一样的。许多地方的城市规划设计机构，在行政上处于规划主管部门管理之下，其方案会更多地体现主管部门的意图。而一些全国性的大型规划设计机构或者境外规划设计公司，因为有强大的专业技术团队和大量的成功案例，其说服城市领导的话语权就会大很多。

3. 规划管理者

规划管理者是对城市规划实践施加影响的公共部门。这些公共部门在法律法规的制度框架下，按照城市规划的成果来规范城市的开发建设和使用。

在理想状态下，规划管理者最好是有经验的专业人士，他们作为城市公共利益的维护者，为城市的合理发展和公众服务，对城市开发建设进行精细管理。在实际工作中，作为城市的管理机构之一，规划管理者直接受到城市管理者的影响，其意图常常会与规划管理的规范性发生冲突。城市管理者的工作着眼点在于发展，希望规划工作能够指导实际工作的推进；而规划管理者则更看重控制管理，希望城市发展不要逾越规划的底线。从自身工作角度出发，规划管理者希望城市规划的实践能够拥有更正规的法律规范保障，从而保证了规划管理工作的相对独立性，也减少了自身所面临的诸多压力。

4. 城市开发者

当今的大多数城市空间都是通过城市开发来实现的，不同背景的开发机构是城市规划实践中非常活跃的行为主体，他们不同程度地受到经济利益的驱使。开发者在开发过程中将安排各种资源的投入规模和时序，并期待以高出成本的销售价格来获取利润。开发者的主要目标是短期的，与其可取得的经济效益紧密相连，他们对城市规划感兴趣，因为规划提供了开发过程中的专业技术支撑，能够为其利润目标服务。

在我国，基于不同的开发背景，将开发者分为政府背景开发单位和私营背景开发单位。

以追求利润为基本价值驱动的开发机构，在城市建设中总是力图追求土地价值利用的最大化，带有强烈的功利性。但是这一过程又受到国家法律和相关规章制度的制约。由于正式的政策法规不能涵盖城市真实活动的多样性，因此，面对制约，开发机构总是在谋求利益最大化的前提下，来贴近政策法规的底线，并通过各种非正规的、惯例的方式来争取更大的利益。

有政府背景的开发机构在市场上也是为追求利润最大化而行动的，但是在其行动中，时常会加入一些指令性的任务。例如各地的城投公司，同样也在政府手里拿地，进行土地开发建设活动，但是其收益主要是用于支撑其他的重大城市建设项目。作为一个独立的个体来看，政府背景的开发机构同样面临着赢利的压力，但因其很多时候承担着城市公共空间的建设任务，在这些开发活动中会更加关注社会效益。

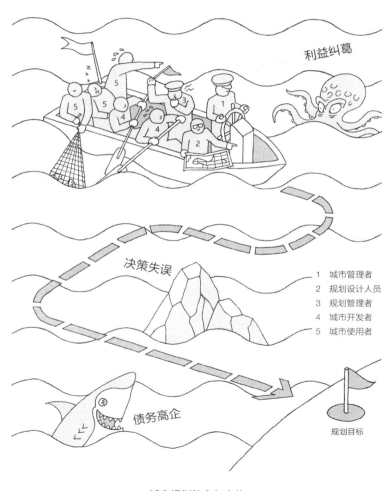

城市规划的参与主体

5. 使用者

相对于城市管理者、开发机构、规划管理者和设计人员来说，市民（或者说公众）是一个比较模糊的概念。这也反映了在当前体制下，市民群体的话语权缺失。所以在评价城市规划的实践效果时，我们更关注具体的使用者。

对于一个具体的城市建设项目来说，使用者可以是原住民、新住民、业主、租户或者临时使用者。每一类使用者因其诉求的利益不同，也会有不同的反应。

城市市民最终消费着开发项目的产品，特别是城市的公共空间。目前绝大多数的城市市民，虽然基本上缺乏城市规划的专业知识，无法对规划方案的好坏作出明确的评价，但他们对场所的价值需求和使用判断是最有效的，城市空间的体验和体现出的意义最终也是由他们来完成的。但是，由于缺乏合理的参与渠道和专业认知，如果一个场所的发展和建设并非涉及其自身的直接利益，市民对其的认知也是比较模糊的。即便是他们对于场所有清晰的认识和合理的愿望，由于我国在城市管理方面的公益组织的缺乏，城市市民是分散的个体，不能凝聚成有效表达自身意愿的共同体，难以影响城市决策。

但是，城市市民这一群体并非我们通常研究所认为的缺乏实践参与。在正规的话语权缺失的情况下，市民还可以通过文学作品、网络论坛、市民热线等形式来表达自身看法。此外，在具体的实践活动中，城市市民还可以通过现实生活中实际使用的方式来改变专业人士的原有意图，体现自己对城市空间的价值判断。

第五节
城市规划的客体

城市规划是一项以空间为载体，提高城市生产力、提供高水平生活质量的工作，城市规划编制的对象重点集中在五个主要的系统上，分别是：自然生态系统、社会系统、经济系统、空间系统和基础设施系统。

1. 自然生态系统

人类的生存和发展离不开自然生态环境，随着城市的规模不断扩大，复杂性不断增加，人类的对自然环境的索取也越来越多。城市的扩大使得人类对能源的寻求迅速增加，能源维系了城市生产、交通运输和城市生活的正常运转，其生产和排放也对城市环境造成了一定的污染。水是生命之源，城市的生活和工业耗费了大量的淡水，又把经过处理的污水排入自然环境当中。城市周边的森林和湿地是自然界发挥自净能力的重要组成部分，也能够为城市居民提供放松身心的活动空间。但城市的不断蔓延也让森林和湿地面积不断减少，生物多样性受到严重威胁。随着全球环保意识高涨，对于承载城市的自然生态环境如何保护利用，是城市规划越来越有分量的篇章。

2. 社会系统

城市规划作为一种公共政策，其根本目的在于实现社会公共利益的最大化。因此，社会要素对于城市规划最本质的影响，在于城市发展中多方利益的互动和协调，以此保障社会公平，推动社会整体生活品质的提高。

从城市规划角度看待城市社会系统，会重点关注社会发展目标、社会结构和社会运行机制。

社会发展目标是一种激励社会成员的力量源泉。当社会发展目标充分体现了社会成员的共同利益，并能与社会成员的个人目标取得最大程度的和谐一致时，就能极大地激发社会成员的工作热情、献身精神和创造性。城市规划首先应关注城市中的人，要围绕社会公认的发展目标去营建和改善城市空间。城市规划的主要社会目标包括：一是尽可能实现城市物质空间资源供应的多元化和适宜性，满足社会各群体的需求；二是确保社会群体内部公共资源的公平分配；三是保障社会弱势群体必需的基本生存空间和公共服务设施；四是创造宜人的城市景观和安全的城市环境，为社会的可持续发展提供良好支撑的空间环境。

城市规划必须了解所在国家和地区的社会结构，社会结构包含家庭结构、社会组织结构、城乡结构、区域结构、就业或分工结构、收入分配结构、消费结构、社会阶层结构等若干重要子结构。这些结构要素在社会演进历程中直接或间接地影响了城市的发展，在很大程度上造就了当今的城市面貌。城市规划对于城市空间的创造或改造，不能仅仅是完成一个装人的容器，还应该妥善保留原有的社会结构、培育新的社会资本。

社会运行机制是城市社会通过长期运转，沉淀下来的有规律性人与人之间、人与组织之间、组织与组织之间的互动机制。社会运行机制有成文的法律和规范，也有约定俗成的道德和习惯。城市规划作为一项改造城市空间的社会行为，必然要在特定的社会运行机制中才能发挥相应的作用。城市规划在不断探索和完善过程中，本身也成为一项社会运行机制。

3. 经济系统

城市是人员和各种资源要素高度集聚的场所，因此造就了高度开放和多样化的城市经济系统。城市经济系统是城市管理者的工作重点，良好的城市经济系统能够保障城市持续发展，能够让城市居民安居乐业。城市规划工作也需要通过空间资源的合理调配，保障城市经济稳固发展。

推动和塑造城市化的核心动力是经济活动。从经济角度认识城市运行背后的发展动力，认识市场机制在城市建设中是怎么发挥作用的，有助于理解城市增长的规律，从而进行科学的决策。在经济全球化的背景下，全世界的开放城市都参与到全球经济竞争中来，更需要理解经济全球化

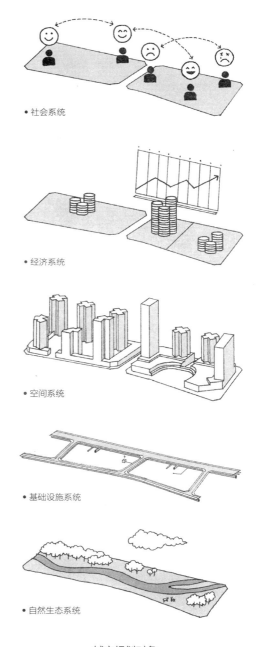

- 社会系统

- 经济系统

- 空间系统

- 基础设施系统

- 自然生态系统

城市规划对象

的运行规律。城市规划可以通过城市空间的调整、城市经济政策的制定、城市环境的提升、城市服务水平的改善来吸引全球产业和资本的入驻，进一步促进城市经济发展。

城市用地是一切城市活动的基础，是国家的基本资源。从国家和政府角度来说，城市的土地制度和相关政策是调动城市经济发展和空间分布的最有效手段。优质的土地资源能吸引企业入驻，带动城市经济发展。城市土地如何有效利用也是城市规划最重要的工作内容。通过规划过程，将确定城市各类用地的规模和范围，划分土地的用途、功能组合及开发强度，最大限度地发挥土地价值。

产业发展是经济系统中另一重要环节。城市经济如何发展，要从当地资源能源禀赋及经济发展基础条件出发，设计主导产业、优势产业、特色产业，研究产业链条，并从空间和时间两个方面，对城市产业发展做出科学、合理、可操作性强的产业发展规划。通过产业发展规划的研究，城市空间规划才有坚实的基础。

4. 空间系统

城市空间是城市规划专业的核心概念，是城市内各种活动的载体，也是城市物质实体的体现。城市空间系统分为城市公共空间和城市非公共空间。

城市公共空间是指城市或城市群中，在建筑实体之间存在着的开放空间体，是城市居民进行公共交往，举行各种活动的开放性场所，其目的是为广大公众服务。城市公共空间的范畴十分广泛，既包含山林水体等自然环境，又包含人工建造的广场、街道、公园等场所，还包含很多公共服务建筑的内外部空间。城市公共空间是市民生活和交往的主要场所，能够承载一个城市的文化，是城市形象最直接的体现。城市公共空间的品质和多寡直接决定了大众对城市的满意度和城市的影响力，受到城市中所有主体的重点关注，也是城市规划工作的重点。

城市非公共空间包含私人住宅、商铺、工厂等产权属于私人的建筑或场地等物质实体。城市非公共空间虽然是私人所有，但基于城市中各私人产权紧密相连的特性，每一个非公共空间的建设行为都会带来很大的外部效应，因此也需要有统一的建设引导和控制管理。例如所有的私人住宅建设都必须要符合相应的高度、间距、容积率、绿地率、日照时间等指标的限制，能够有效避免在建设和使用过程中过于追求自身利益，损害了周边业主的权益，进而也使得自身权益受到损害。

城市空间是城市规划专业的核心，城市规划最早也是从城市美化这一空间设计工作中逐渐发展起来的。在城乡规划专业外延不断扩大的当今，仍然需要对城市空间进行深入研究，用空间的创造来解决城市问题。吴志强院士在《城市规划学科的发展方向》一文中提出，城市规划需要自己的权威领域，这个领域就是城市空间，城市规划学科应认识空间形成、研究城市空间分布、完善城市空间管理，立足于空间问题这个基石，再去向周边学科拓展。

5. 基础设施系统

为了支持现代化的城市高效运转，城市建立了越来越复杂的市政基础设施系统。市政基础设施是为社会生产和居民生活提供公共服务的物质工程设施，包括交通、邮电、供水、供电、供暖、排水、园林绿化、环境保护、防灾等市政公用工程设施。市政基础设施是国民经济各项事业发展的基础，在现代社会中，经济越发展，对基础设施的要求越高。完善的基础设施对加速社会经济活动，促进其空间分布形态演变起着巨大的推动作用。

第六节
城市规划的实践性

作为一项改变城市的开发建设活动，城市规划必须要秉持坚持实践性的原则，在实践中认识城市，在实践中不断改造自己的工作方法。毛泽东在《实践论》中指出，人类认识发展的全过程是："实践、认识、再实践、再认识。"要通过实践发现真理，又通过实践验证真理和发展真理。

某些艺术家也许可以凭其生活经验闭门造车，创造出举世无双的杰作。城市规划却绝对不能离开具体的实践活动去描绘纸上的"乌托邦"，因为艺术家面对的只是自己面前的一张白纸或者一块原石，而规划设计人员面对的却是一座复杂的城市，以及大量需要与之博弈的参与者。城市以及规划工作的复杂性，迫使城市规划工作必须摈弃教条主义和经验主义，不能僵化地局限于城市规划的专业语境中，而看不到城市问题的复杂性和多面性；也不能不加思考地照搬别人的成功经验，不管不顾城市的具体情况。

城市规划设计人员需要对规划的城市进行深入的研究，找出这个城市发展的主要矛盾。在学校受过专业训练的规划设计人员，不要将自己的工作限定在案头工作，哪怕递交了成果也要持续跟踪规划的落实情况，在实践过程中去重新认识城市，反过来修补和完善自己的规划理论。

与城市发展有关的其他人士，也要认识到城市规划的复杂性和实践性，不要轻易否定规划的作用，说什么"规划规划，纸上画画，墙上挂挂"之类的俏皮话；也不要盲目相信某一种理论或者某一个成功案例，以为捡到了放之四海而皆准的宝贝，而不去深入调研和思考。

对于纷繁复杂的城市来说，城市规划需要从看见的城市出发，通过专业定义的城市进行工作，塑造更美好的、实用的城市，进而影响看不见的城市。

城市规划的实践性
（临摹自纪念碑谷）

第二章

前规划城市

第一节
推动城市发展的要素

在城市规划作为一门学科和专业技术出现前，地球上的城市已经经历了几千年的发展。

作为人类的创造物和人类一起共生，城市仿佛也具有了生物的特征——生长。探寻城市的发展历史，可以让我们梳理出一些影响城市发展的线索，便于我们更好地认识城市。

推动城市发展的第一要素是功能，或者说是城市居民的需求。城市的功能首先是个体居民的需求，如同马斯洛（Abraham H.Maslow）提出的需求层次理论，城市人也需要满足生理需求、安全需求、爱与归属的需求、自尊需求和自我实现的需求；城市其次要满足各个团体和组织的需求，人在城市中生活必须要依靠一定的组织机构，组织机构作为一个主体，会有一些超出个体的需求，例如公共集会的功能、议事的功能、审判和处罚的功能等；第三是城市自身运转的功能需求，城市的需求不是个人或团体需求的简单放大，它需要更系统化的层级要求，让功能的实现更有效率。城市的需求随着人类社会的进化不断在改变着，每个时代都有着每个时代的需求特征，但总的来说是在变得更加丰富和多样化。单独有需求还不足以推动城市的改变，但需求可以刺激人们去供给一侧寻找方法，通过技术手段和运营方式的革新来解决。

推动城市发展的第二要素是技术，这里的技术是一个广义上的概念，分为工程技术和文化技术，工程技术决定了城市的物质形态，文化技术决定了城市的精神品质。

工程技术是指一切用于城市建设、改造或者维持日常运转的技术手段，它将自然资源直接或间接地用于城市系统，满足城市的各种需求。比如针对城市人生存的居住需求，发展出各种房屋建造技术，从最原始的半地穴式茅草屋搭建，到泥砖小屋的修建，再到现代工业模块化的钢筋混凝土高层住宅，都致力于满足人民对于温暖舒适的家的向往。针对城市人的饮用水需求，发展出从满足小聚居区的打井技术，到满足古罗马几百万人口的输水道工程，再到现代的给水管网体系。城市的运转需要人与物资的有效流动，所以交通技术也在不断影响着城市的发展，从人力和畜力车为主的街道，变成了以机动车为主的街道，并演化出地面、地下、空中的立体交通。工程技术不断地服务于城市的需求，也在不断改变着城市的面貌。

　　工程技术解决了城市物质方面的构建和传递，文化技术则用来解决信息的创造和传播。对于复杂的城市社会而言，能够相互理解的信息保证了日常生活的顺利沟通，有助于建立有凝聚力的城市共同体。文化技术的进步也极大程度改变了城市的精神面貌。我们以苏格拉底对话为例，看看文化技术对城市生活的影响。在古希腊雅典的广场上，一个不怕抬杠的年轻人可以和苏格拉底面对面交谈，通过辩论启发思考，获得教益。随着时间的流逝，对话的记忆会慢慢消退，最好的方式就是用笔记录下来，不仅个人可以再重温笔记进行复习，还可以借阅给其他人以传播知识。但是这种文化技术受限制较大，特别是在一个没有发明印刷术和识字率低的时代。随着印刷术的发明，越来越多的古典名著被人所阅读，打破了神学对知识的垄断，带来了文艺复兴和思想解放。到了现代，文化技术的发达可以使当代的苏格拉底们能更好更快地向大多数人传播自己的思想，互联网技术的进步更是能够让大量的观众可以直接与主播交流，将单向的传播变为双向互动。在未来甚至可以用AI技术建立苏格拉底的虚拟模型，让许多人穿越时空与其对话。文化技术塑造了城市中人的个性和群体的共性，也

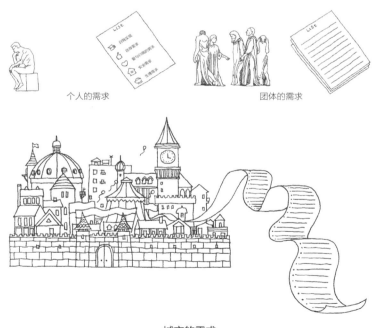

个人的需求　　　　　　　　　　　团体的需求

城市的需求

是城市运作机制得以实现的技术手段。

推动城市发展的第三要素是运作机制。人类是一种社会性的动物，最开始的群居生活犹如大猩猩和狮子一样，是通过血缘关系聚居在一起，通过共同的生活、捕食和御敌，建立了一个相对稳定的共同体。但是由于人与人在交流频率和交流深度上的客观限制，以亲缘为基础的共同体只能维持一个较小的规模。随着生产力的发展和协同工作的需求产生，人类社会必须要超越亲缘共同体，让更多有差异化的个体生活在一起。为了维系这一个复杂的新社会，人类之间演化出了复杂的运作机制，我们可以简单归类为商业、政治和宗教三大类。

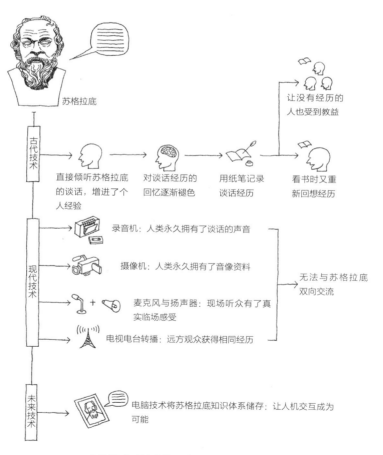

文化技术对社会的影响：与苏格拉底对话

　　城市生活让人与土地的联系越来越薄弱，打破了原始村落生活自给自足的状态，要在城市里生存，必须要向城市里的其他人出卖自己的劳力和产品，并换回生存所需要的物资。商业关系就在这种日益频繁的交换中得以建立，而货币的发明使得商业关系得以稳固进行。在城市的非亲缘社会关系中，等价交换的原则构成了城市生存的第一准则，否则人群无法长期和平共处。商业关系为城市的运作提供了最好的物资集聚和交换分配的模式，奠定了复杂城市系统运作的基础。

　　农业革命带来的物资丰富导致了个人财产的出现，各种专业化的分工导致了人类社会分层。为了更好地组织人力进行生产，为了"合理"地分配劳动成果，需要有不

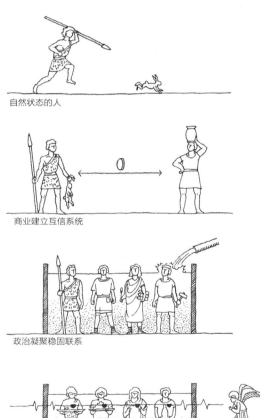

自然状态的人

商业建立互信系统

政治凝聚稳固联系

宗教塑造精神共同体　　　　　　　　　　　　　**城市三种运作机制**

同于一般人的领导者来负责。随着治水、开荒、建城一个个成就得以实现，人类发现有效的政治组织能够带领人类社会迸发出惊天动地的伟力，领导者在这一过程中获得大家的肯定，也通过各种手段建立起稳固的统治阶层。在小范围的亲缘关系之上，政治关系的稳定化为复杂人群的长期共同生活提供了解决方案，这也使得一座巨大的城市能够很好地运转起来。政治组织为城市生活和管理建立了明确的规则，是城市生活得以顺利运转的保障。

单独依靠赤裸裸的商业交易和冷冰冰的统治手段，不足以稳定地维系人类社会运转。随着人的智力发育，以及生产力提升带来的闲暇时间，人类开始思考超越自身掌控范围的自然灾害、生老病死等终极问题。这就需要有一种更好的纽带把人类维系在一起，一同对抗未知的命运，于是在原始自然崇拜的基础上，宗教诞生了。宗教关注人的精神生活，在陌生人之间、在人与自然万物之间建立了温情的纽带，占据了人类的业余生活，为哲学、艺术的发展提供了素材。宗教吸引了众多陌生人到城市集聚，宗教保障了社群健康的精神生活，宗教创造了城市最华美的篇章，但有时也成为城市沉沦和毁灭的推手。

第二节
原始聚落

任何城市都不会像希腊神话中的雅典娜女神一样，是浑身披挂整齐出生的，如同人类的婴儿时期一样，在城市出现之前，原始聚落构成了城市的雏形。

经历了从猿到人的漫长进化，人类社会通过对谷物和兽类的驯化，摆脱了居无定所的状态，第一次过上了定居生活。按照血缘关系聚居在一起的人类定居点，具有很多后世城市的功能。原始社会的定居点首先需要解决的是生存最基本的需求：食物和安全的住所。为食物计，定居点要靠近水源，最好位于森林和草原的边界地带，便于开展农业耕作和狩猎采集。为了能够安全地休息，定居点不能太低洼潮湿，需要选择较高的台地，最好挖出防卫侵犯的沟渠。满足了基本功能，定居点也随着人类社会进化不断进行着功能细分。随着家庭的产生，原有的群居状态慢慢演化成以家庭为单位的分别居住状态，定居点里有了个人空间和公共空间的分别，房屋也出现了个人居住小屋和公共议事大屋的区别。定居几代人时间后，原来在房前屋后埋葬死者的余地越来越小，墓葬群也离开居住空间单独设立。收获的谷物需要集中储存、驯化的牲畜需要统一圈养、制陶的工坊需要靠近水岸，生产方式的不断进步也催化了定居点的内部分区。按照不同的功能来划分不同区域的概念，在原始社会定居点时代已经出现。公

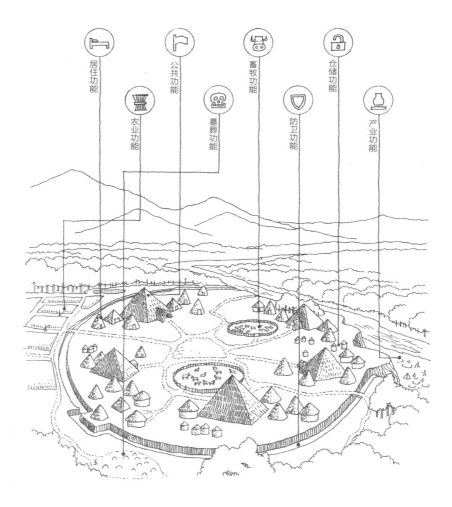

居住功能

公共功能

畜牧功能

仓储功能

农业功能

墓葬功能

防卫功能

产业功能

原始社会定居点
陕西省临潼姜寨聚落遗址复原想象图（约公元前4500年）

元前4600～前4400年的陕西省临潼姜寨聚落，就是一个典型的原始聚落。

　　原始定居点的出现得益于一系列技术大发现，如农业、制陶、轮子、弓箭等现在看来平淡无奇的技术，当时却极大地提高了人类的生产力，为定居点的形成奠定了物质基础。对工具的使用和各种建造技术的发明，直接塑造了定居点的面貌。原始人类用简单的石制工具和骨制工具砍伐和修整木材，混合稻草与河泥搭建出遮风避雨的地面建筑，地穴中的火塘跳动着永不熄灭的火苗，人与人之间、人与土地之间一种永恒的羁绊由此建立。

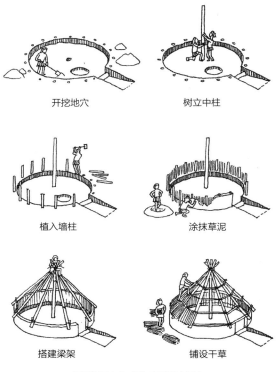

开挖地穴　　　　　　　树立中柱

植入墙柱　　　　　　　涂抹草泥

搭建梁架　　　　　　　铺设干草

圆形半地穴式住宅建造过程

第三节
城市的诞生

　　城市的诞生如同城市的定义一样，也是一个众说纷纭、缺乏标准答案的斯芬克斯之谜。不同的地域环境，不同的族群特性，以及英国历史学家阿诺德·约瑟夫·汤因比（Arnold Joseph Toynbee，1889～1975年）在《历史研究》中提出的不同文明面对的挑战，都会带来不同的城市产生方式。城市的特征是吸引和包容，它打破了原有以部落血缘为纽带的聚居方式，产生出难以想象的化学反应，创

原始工具

造出一个成熟的文明。公认的世界四大文明，都在城市这一容器中孕育和成熟。

我们试着通过对两河流域城市群出现过程的猜测，来解释一下城市的成因。两河流域地区位于西亚现伊拉克境内，是底格里斯河与幼发拉底河的中下游地区，在远古时期已经居住着许多种族，有着许多原始村落。这里土地肥沃，日照充足，但是气候却十分干燥，如果不能有效利用两条大河的水资源，农业产量就无法提高。当地的苏美尔人为了发展农业，协作起来挖掘运河渠道、修建水库堤坝，创造了人类历史上最早的水利设施。这种不以血缘为纽带的人类社会组织方式，为后来城市的运作提供了保障。

农业产出的剧增带来了粮食的富余，这一部分富余导致了村落内部的阶层分化，私有财产的概念开始出现。富余的粮食也保障了一部分人从事其他的工作，如制陶、冶炼、建筑等专门性工作，使原始村落的分工更加专业化，也慢慢衍生出日后城市的各种职业。各种不同的产品在不同村落之间流通，交流的增加催发了固定市场的形成，市场反过来又进一步刺激人们的需求，加速了定居点的快速聚集。

不同村落和族群的协作，创造出了不同于以往的成就，给人们带来了新的成就感和新的不安。原本各自村落的信仰越来越不能适应新时代的需求，人类需要通过新的宗教信仰来讲述新的共同体故事，人们将新社会产生的各种问题汇集到专职的祭司阶层那里，通过他们来满足自己无限增长的欲望，并平息心灵放大物——神灵的愤怒。新信仰以其全新的故事体系迅速吸引着信徒，在与原始村落的人力争夺战中大获全胜。

以上就是原始村落向大型定居点发展的一般过程。由于大型定居点具备了城市的诸多要素，化学反应进一步加剧，迅速将历史的指针拨向了城市的诞生。大型定居点内的阶层进一步分化，统治阶层通过选举、占卜或世袭的方式获得了稳固的权力。这种权力透过日益分化的层级，确保了定居点的有效运作，以及对周边乡村地区的有效统治。阶层的出现使定居点内出现了更多的形态分化，宫殿、宅邸和茅草屋的分别越来越明显。

大型定居点是人的聚集，也是物质财富的聚集，必然会引来其他人群的觊觎，掠夺和保卫的战争一发而不可收。守护城市财富的城墙，作为城市得以定义的主要证据，也在这一时期出现。城墙限定了城市的边界，也成为与一般乡村区别的视觉标志。

　　宗教信仰也随着人群的聚集进一步升级，祭司阶层一方面作为统治阶层管理着城市，另一方面也促进了城市文化的发展，图书馆、档案馆、占星台、大型庆典等文明的花朵被他们培育出来。祭司阶层在很大程度上决定了城市文化的走向，在埃及，他们甚至让亡者之城的风采盖过了现世的城市。

　　当万事俱备，在公元前4000～前3000年的苏美尔文明时期，众多的城市如雨后春笋般在两河流域涌现出来。

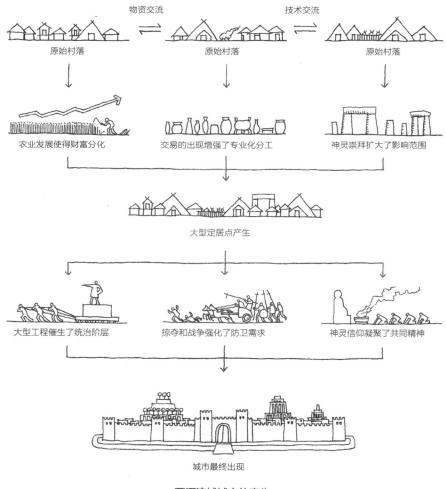

物资交流　　　　　　技术交流

原始村落　　　　原始村落　　　　原始村落

农业发展使得财富分化　　交易的出现增强了专业化分工　　神灵崇拜扩大了影响范围

大型定居点产生

大型工程催生了统治阶层　　掠夺和战争强化了防卫需求　　神灵信仰凝聚了共同精神

城市最终出现

两河流域城市的产生

第四节
两河流域城市

　　最早的苏美尔时期出现了数个独立的城市国家，这些城市国家之间以运河和界石
分割。每个城市国家的中心是该城市的保护神或保护女神的庙宇。每个城市国家由一
个主持该城市宗教仪式的祭司或国王统治。从公元前2900年开始，苏美尔城邦进入
一个"诸国争霸"的时代。比较大的城市有埃利都、基什、拉格什、乌鲁克、乌尔
和尼普尔。公元前3000年初期建城的乌尔城是这一时期的城市样板。乌尔城占地约
100公顷，估计可容纳一万人口。城市由不规则椭圆形城墙环绕，中央是巨大的神庙
建筑。以供奉诸神为职业的僧侣阶层是城市的统治者，他们不仅占据了城市的精神高

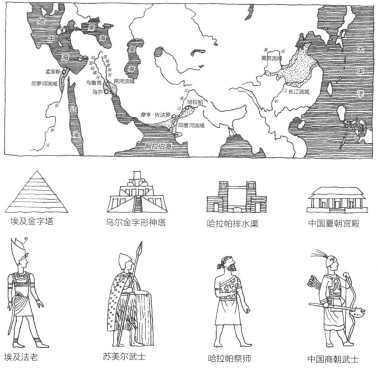

| 埃及金字塔 | 乌尔金字形神塔 | 哈拉帕排水渠 | 中国夏朝宫殿 |

| 埃及法老 | 苏美尔武士 | 哈拉帕祭师 | 中国商朝武士 |

四大文明位置

地，也控制着城市内部的作坊、商店和仓库，以及城市周边的土地。

公元前2500年左右，统一两河流域的阿卡德帝国出现，随后的亚述、巴比伦和波斯将帝国的疆域不断扩展，征服了更加广阔的地区，也推动了城市的进一步发展。由汉谟拉比于公元前2000年建立、并由尼布甲尼撒二世在公元前6世纪扩建的巴比伦城，是这一时期的典型代表。巴比伦城轮廓是一个1.5公里乘以2.5公里的长方形，城区面积约为3.7平方公里，被幼发拉底河分为两半。巴比伦城有两道围墙围绕。外墙以外，还有一道注满了水的壕沟及一道土堤。城市有8个城门，其中的北门就是著名的伊斯塔门，表面用青色琉璃砖装饰，砖上有许多公牛和神话中的怪物浮雕。城墙内部有着巨大的神庙，其中埃萨吉纳大庙及所属的埃特梅兰基塔庙，高达91米，塔顶的神庙可以俯瞰全市。这一时期国王超越了僧侣，成为城市的统治者，因此，除神庙外，王宫也是城市中的主要建筑，著名的世界七大奇迹之一的"空中花园"就建立在幼发拉底河畔。相比巨石建造的神庙和宫殿，用稻草和黏土组成的砖式民居规模则要小得多，拥挤地占据着城市的其他区域。

巴比伦城的平面相比乌尔城，有着明显的设计痕迹。巴比伦的城墙、街道、王宫都呈现出方格网的形式。与同时期埃及出现的卡洪城一样，人类历史上最早的一批城市都带有与自然界完全不同的方格网肌理。这一方面是由于在天空晴朗的西亚北非地区，阳光和阴影是很好的测量工具，直线便于描画和度量，作为工程建设的依据；另一方面也展示了人或者说君王征服自然的力量。

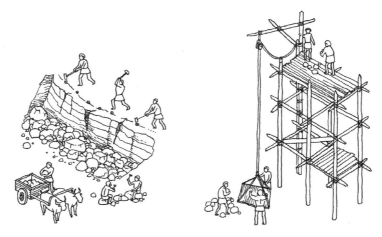

特洛伊人采石与起吊搬运

古埃及人制泥砖
（临摹自Rekhamira（公元前1479～前1401年）墓浮雕）

两河流域楔形文字

汉谟拉比法典

乌尔的金字形神塔

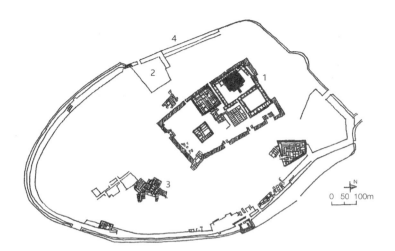

1 神庙建筑群
2 港口
3 居住区
4 城墙

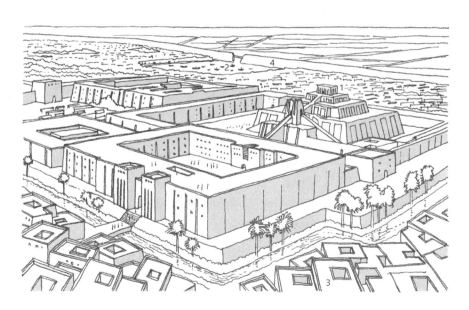

两河流域乌尔城
（公元前3000年）

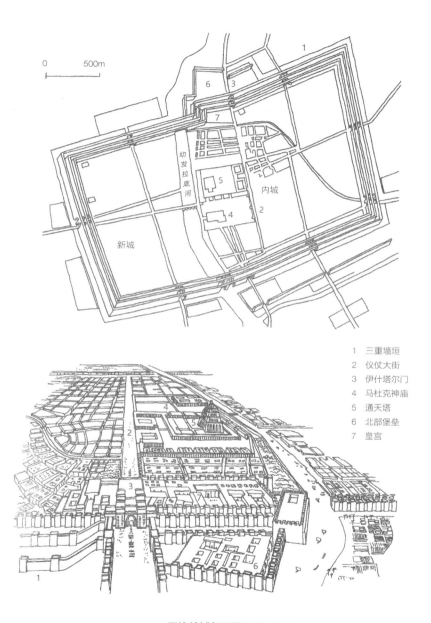

0   500m

幼发拉底河

内城

新城

1 三重墙垣
2 仪仗大街
3 伊什塔尔门
4 马杜克神庙
5 通天塔
6 北部堡垒
7 皇宫

巴比伦城复原平面图及鸟瞰图

第五节

古希腊城市

　　两河流域的城市繁荣逐渐黯淡之后，爱琴海沿岸又出现了新的城市典范。多山和海岸曲折的地形使希腊地区难以形成一个统一的大帝国，但各个地区之间的资源差异和临海的便利却推动了商业的发展。铁的生产、字母的出现、货币的铸造以及航海技术的发展，使得原本的小部落成长为独立的城邦。便利的海运充分促进了城邦之间的交流，而相对独立的地理位置又为不同文化的繁荣创造了条件。由于一直缺乏一个强有力的统一政治实体，古希腊时期的商业取代了王权，成为这一时期城市繁荣的主要推力。

　　一开始出于防卫的需要，古希腊城市都是占据山丘的小小城堡，随着定居者的增加，城市逐渐向山下平地扩展，再由城墙环绕起来。城市发源地的山丘叫作卫城，成为城邦祭祀祖先和神灵的所在地，也是城邦主要节庆活动的举办场所。卫城成为统治城邦的精神领域。在世俗领域，为体现民主政体，城市中有了公民集会广场。市政厅和元老院议事厅等管理机构在集会广场旁边设立。公民是城市生活的主导者，为了丰富世俗生活，又出现了剧场建筑。为了方便贸易，沿海城市一般都拥有自己的港口，但为了防备海盗袭击，港口又会远离城市。

　　雅典是古希腊时期最著名的城市，城市最先起源于山顶平缓的高地上，俯瞰着周边的平原地区。随着人口增加，城市先向北面平缓地区延伸，然后再将整个卫城包裹起来，城墙又将居民区保护起来。城市有大道直通比雷埃夫斯港，后来为了避免敌人对城市与港口连接线的侵袭，又在道路两旁修建了城墙。城市财力的逐渐增加，使得城市中不断涌现出各种大型建筑：公民大会会场、元老议事厅、酒神剧场以及最有代表性的卫城神庙群。

　　雅典的城市结构和空间肌理，完全适应当时的权力构成。民主政体要求的公共空间和公共建筑占据了城市的重要位置，而成组布置的住宅相对简朴低调，在住宅这一私人财产上没有过大的差别。商业城市的富庶也培育了大批的能工巧匠，这些工匠们通过对公共建筑的精雕细琢，对城市形象的提升起着至关重要的作用。在工业革命之前，工程技术方面都没有现代这样严格的分工，建筑、雕刻、室内装饰都是由工匠一

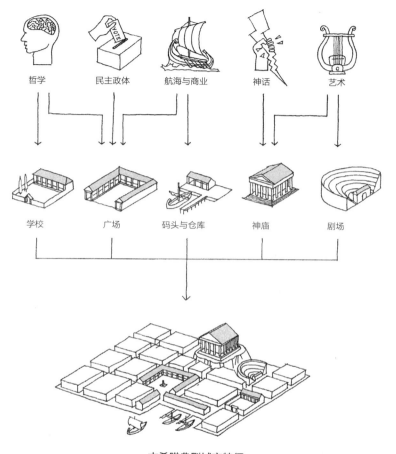

哲学　民主政体　航海与商业　神话　艺术

学校　广场　码头与仓库　神庙　剧场

古希腊典型城市特征

体化考虑实施，这种整体性的思路创造了无数的精品。

　　受限于资源条件和政治因素，古希腊城市的规模都不大。在伯里克利时期全盛状态的雅典，其人口才达到两万（这里面不包括奴隶和外国人），只相当于现在的小城市规模。由于古希腊地区一直没有形成统一的帝国，每个城邦所控制的地域有限，无法像两河流域都城那样通过横征暴敛来供养自己。另一方面，古希腊的直接民主式政体也要求人口不能过多，城市居民要相互认识才能在人民代表大会上行使权力。

　　在第二次希波战争后，古希腊城邦取得了东地中海区域的霸权地位，出现了一个城市扩张期。相比自然形成的城市，这种速成的城市需要专业化的指导。最早的规划

1　雅典娜胜利女神庙
2　卫城山门
3　阿尔忒弥斯神庙
4　雅典娜青铜像
5　帕提农神庙
6　伊瑞克提翁神庙

伯里克利与雅典卫城
（公元前5世纪）

师希波丹姆斯（Hippodamus）应运而生，米利都城是他手上的杰作，也因此被亚里士多德称赞为"城市规划的艺术"。

　　作为战后复建的城市，米利都城的规划覆盖了城市所在的不规则半岛，在希腊城邦掌控了制海权的背景下，面向海洋一侧是开放的港口，面向内陆一侧则是不规则的城墙，这是为了适应海岸线或者山脊线取得最佳防御效果。不规则的城市外形中包裹着规则的方格网，这也是城市规划设计中最有利的手法。城市内部的道路网布置成垂直相交的格网，5～10米宽的主要道路将城市分割成一些相互平行的长方形，这些长方形又被3～5米宽的次要街道再次切分。次要街道间隔30～35米，适合布置1～2栋独立住宅。主要街道间隔50～300米，在城市中心位置会留出若干个广场，作为公共活动的场所。作为希腊爱奥尼亚地区重要的商业中心，城市中心区域再靠近港口一侧、沿着内凹的港口岸线，市场、仓库、教堂、神庙、议事厅围绕着大大小小的方正广场而建，气派的连廊将这些建筑串联在一起，以适应地中海的气候。

　　这种规划手法兼顾了商业贸易、内部公共生活和外部防御的需求，方格网的设计手法简单易行，可以应用于任何地理条件，并能无限制地向周边延伸。米利都城在这样一种城市结构下，由公元前479年重建时的几千人，发展到五百年后罗马帝国统治时期的十万人，对地形的适应性非常强。米利都城单元网格状的结构满足了殖民城市迅速建设的需求，可以在短时间内较为平等地安置大量涌入的移民，又可以通过地块的整合使之具备弹性，安排城市中心区的大尺度广场和功能建筑，很好地体现了早期民主社会的诉求，因此很快在希腊区域流行开来。

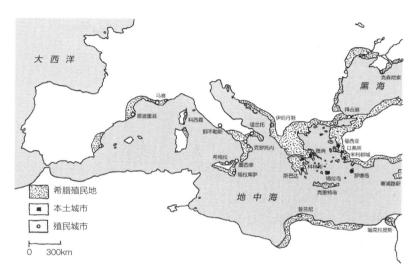

古希腊殖民地
（公元前5世纪）

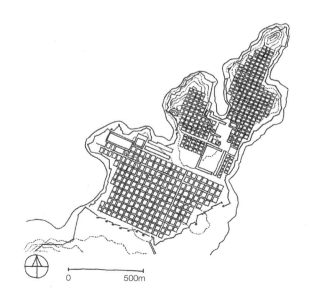

米利都城
（公元前5世纪）

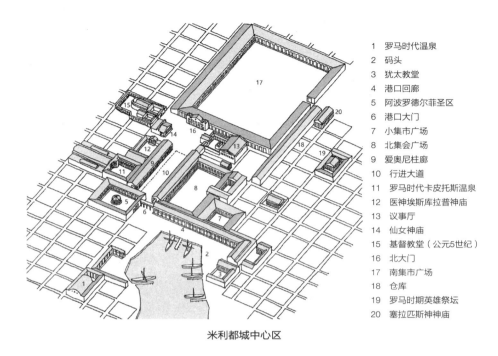

1	罗马时代温泉
2	码头
3	犹太教堂
4	港口回廊
5	阿波罗德尔菲圣区
6	港口大门
7	小集市广场
8	北集会广场
9	爱奥尼柱廊
10	行进大道
11	罗马时代卡皮托斯温泉
12	医神埃斯库拉普神庙
13	议事厅
14	仙女神庙
15	基督教堂（公元5世纪）
16	北大门
17	南集市广场
18	仓库
19	罗马时期英雄祭坛
20	塞拉匹斯神神庙

米利都城中心区

第六节
古罗马城市

　　无休止的内部征战使古希腊世界渐渐式微，随后登场的是横跨公元前后几个世纪的古罗马时代。古罗马时期的城市代表是罗马城，以及疆域拓展后兴建的大量殖民城市。

　　罗马是远古时期最为典型的城市，也是人口规模特别大的城市。其繁荣得益于几个方面：首先在政治上，罗马共和国及其后来的罗马帝国通过对地中海周边世界的征服，为政治核心罗马城带来了大量的财富和资源，也得以供养巨大的从事生产的城市人口。地中海周边世界物质和文化的交流带来了文化的繁荣，使城市生活更加丰富多彩，竞技场、神庙、浴场等大型公共建筑如雨后春笋般在城市中兴起。在技术上，罗马工程师通过战争大力发展了工程技术，辐射四方的大道、引水道以及城市内部下水道的修建极大提高了城市的承载力。

　　罗马城起源于台伯河台地的七座山丘之间，选择山丘地区的理由和古希腊早期城市类似。随着城市的不断扩张，城墙将这些山丘全部包裹进去，形成了不规则的城市轮廓线。共和时期的罗马城规模不大，其城市内部格局相对较为均质，重要的公共建筑装点着山丘顶部和干道交汇处。从共和国到帝国时期，统治者用国家雄厚的财力来讨好市民，兴建了大量新的公共建筑，同时也改善了饮水系统和居民住房。历任统治者都怀有改变罗马拥挤杂乱局面的夙愿，一直到公元64年的火灾后，才由尼禄实现。他下令在被火灾毁坏的城区内，尽可能保留街区基本结构，按照系统的规划方案加以重建。他统一要求建筑的高度、沿街面的柱廊形式、选用的建筑材料，以达到防火和美观的双重要求。后来的皇帝又在罗马城中央不断填充巨大的公共建筑物，如万神庙、斗兽场、赛车场、温泉浴场等。这些巨型建筑迎合了市民的需求，更是帝王荣耀的象征。在最鼎盛的时期，罗马城的面积达到了2000公顷，容纳了百万人口，成为工业革命前西方最大的城市。

　　支撑这一巨型城市的是当时先进高效的城市基础设施和服务设施。排水工程始建于公元前6世纪，其后不断改建扩建，几条宽大的排水道甚至可以并行两辆柴车。城市的雨水、部分污水可以经由排水道有效疏浚。每天有10亿立方米的水经由13条输水道进入城市，首先保证水井、厕所和浴场的公共用水，多余的用水可以付费给予私人。城市生活用品主要通过水运提供，运输货物的大船抵达台伯河入海口的港口，再通过小船沿台伯河转运。河中央的台伯岛建立了完整的码头和仓库系统，形成物资的集散地。先进的城市基础设施保障了城市的用水需求和卫生水准，也保障了城市规模的不断扩张。唯一落后的基础设施是街道系统，受限于地形和历史条件，道路大都狭窄而弯曲，难以拓宽，其后大量的车辆运输造成的噪声又极大影响了沿街住宅居民的睡眠。

　　在帝国的全盛时期，罗马城的建设经验很快经由罗马军团拓展到新征服的地区，推广得最快的首先是工程技术：道路、桥梁、输水道、城墙和测量方法。道路网随着军团征服扩展到新的省份，一方面便于运输军队，同时也方便了商业贸易和行政管理。道路宽度4～6米，由多层材料铺设，结实耐用，有些路段至今还能使用。道路在跨越河流的地方修筑桥梁，最大的单孔桥梁跨度达到35米，这在当时的技术条件下是一个奇迹。输水道同样也是一项工程奇迹，融合了大量的工程技术手段，利用坡

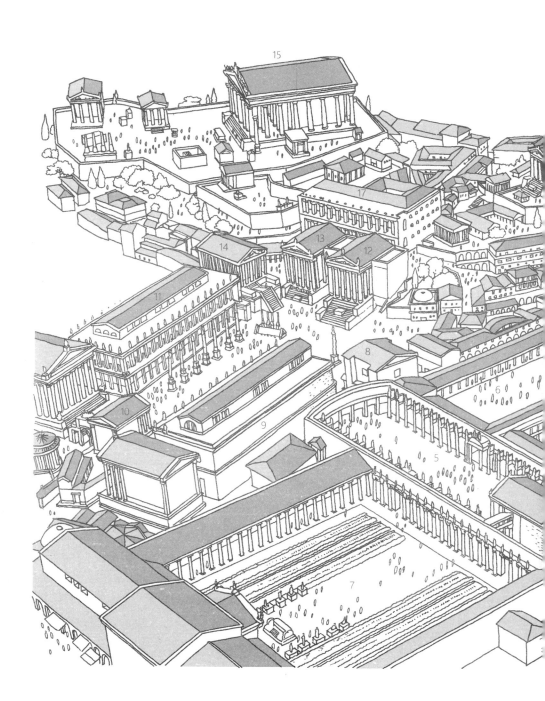

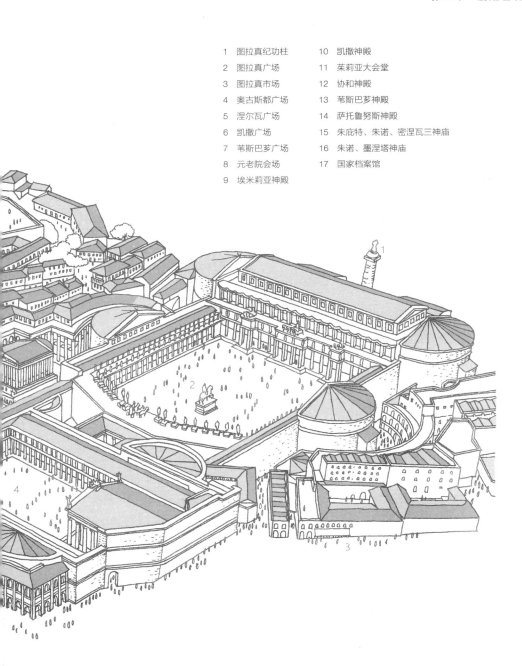

五贤帝时代的皇帝广场与古罗马广场（公元2世纪）

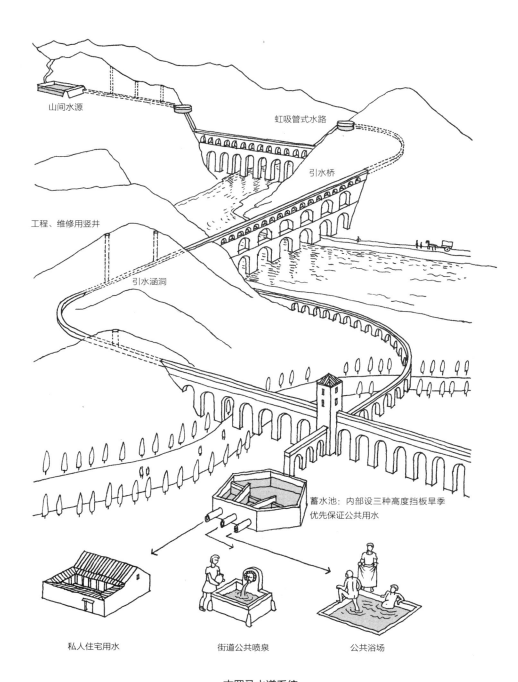

山间水源

虹吸管式水路

引水桥

工程、维修用竖井

引水涵洞

蓄水池：内部设三种高度挡板旱季
优先保证公共用水

私人住宅用水

街道公共喷泉

公共浴场

古罗马水道系统

度和虹吸原理保持稳定的水量，还有专门的净化池沉淀杂质，通过低谷的时候还会修建精美的多孔桥式水道。罗马的防御工事曾帮助凯撒赢得了征服高卢的关键战役，其后被不断发扬光大，当帝国拓展到极限后，留下的哈德良长城仍屹立千年。罗马的征服为殖民地带来了新的移民，为了分配占领的土地给移民，罗马人采用了营地面积测量器来丈量土地。通过这种工具，以大道为准绳形成横轴，然后与其垂直形成纵轴，平行这两条轴线划出间距均等的方格网线条，方格网之间的土地则作为土地分配的单位。

1　地下主涵管
2　道路排水管
3　家庭排水管
4　沿街排水管
5　砂土人行道
6　条石路肩
7　铺石主路
8　过街汀步

古罗马街道及下水道体系

　　在工程技术的推动下，罗马的行政省出现了大量的新城。土地分配所形成的方格网状格局，是城市布局的最重要依据，横轴和纵轴交汇点是新城的中心，再由此延伸出方格网状的城市格局。方格网的线条成为道路，方格则成为居住区，在主要街道交汇点拓宽为广场，周围是大型公共建筑。这种简单而规范的城市规划方式，配合市政厅、神庙、浴场、斗兽场等标准配置，很快在罗马全境推广开。由于有良好的选址条件和开发优势，很多新兴城市在罗马帝国灭亡后依然作为居民点和贸易中心存在，最后发展成现今欧洲的大城市，如巴黎、伦敦、维也纳和科隆等。

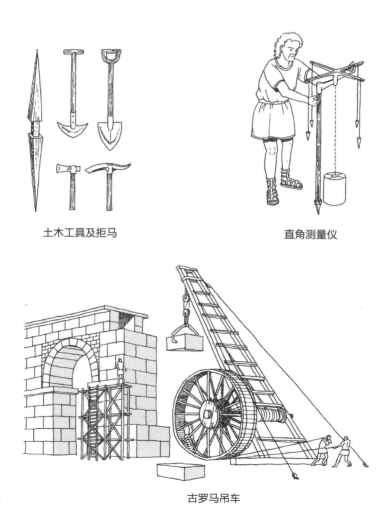

土木工具及拒马　　　　　　　　　　　直角测量仪

古罗马吊车

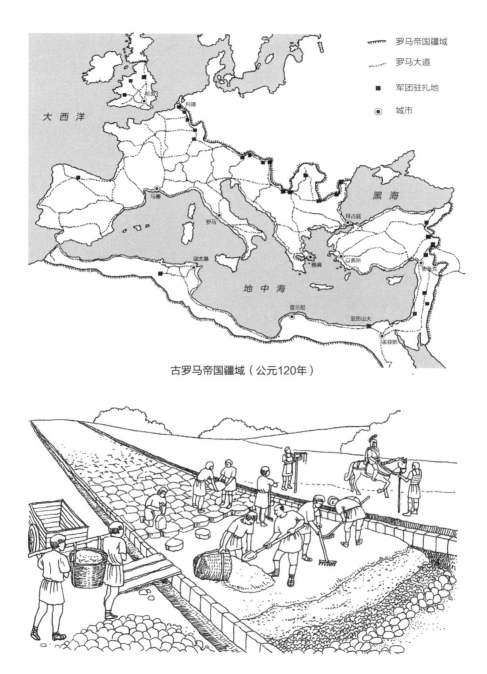

古罗马帝国疆域（公元120年）

古罗马道路铺设

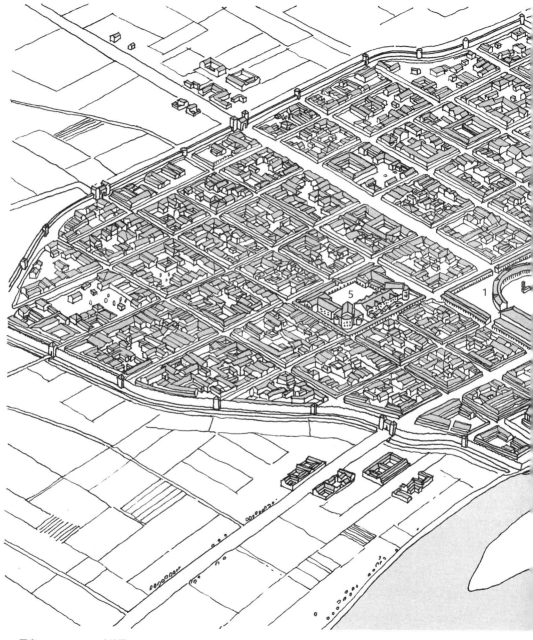

1　回廊　　　5　大浴场
2　广场　　　6　总督官邸
3　巴西利卡　7　码头
4　神庙　　　8　浮桥

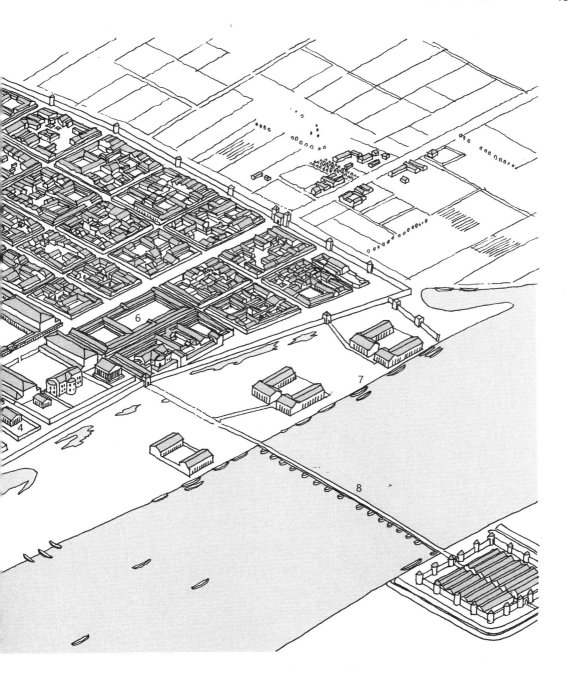

科隆尼亚·阿格里皮娜（科隆，公元2世纪）

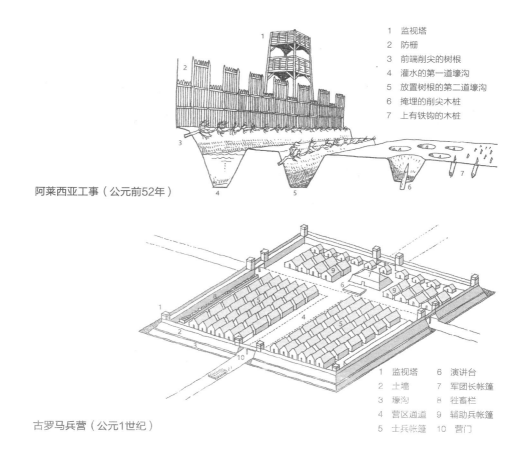

1   监视塔
2   防栅
3   前端削尖的树根
4   灌水的第一道壕沟
5   放置树根的第二道壕沟
6   掩埋的削尖木桩
7   上有铁钩的木桩

阿莱西亚工事（公元前52年）

1   监视塔   6   演讲台
2   土墙   7   军团长帐篷
3   壕沟   8   牲畜栏
4   营区通道   9   辅助兵帐篷
5   士兵帐篷   10   营门

古罗马兵营（公元1世纪）

第七节
中世纪城市

　　中世纪的欧洲城市建立在贵族和教廷的封建制度基础上，国王将国土分封给贵族，贵族向国王效忠，平时上贡金钱和物资，战时带领扈从参战。教会在各地成立教区，教区内的居民向教会缴纳什一税（宗教捐税），教区接受罗马教廷的统一管理。在这一政治模式下，教士生活的教堂和贵族生活的城堡就成为中世纪城市的中心，其他的居民则围绕着中心建筑过着远低于古罗马标准的城市生活。

到了中世纪中后期，欧洲出现了普遍的繁荣，农业生产不断提高，使得部分人口能够摆脱乡村生活，重新进入城市定居。另外地区经济联系也不断加强，广泛的国际贸易促进了城市的发展。地中海沿岸的城市威尼斯、热那亚、比萨通过与中东北非地区的贸易，获得了巨额财富，其贸易向着欧洲内陆地区延伸，促进了内陆商业中心的发展。农村的剩余劳动力一般迁往附近交通便利、能够提供工作机会的定居点或军事据点，围绕着教堂和城堡等核心设施建设自己的住宅。新居民的住宅不断膨胀，一段时间后，会围绕居民区外围建设城墙。已经扩大的城市还会不断扩张，很快又必须再次扩展城墙。

肯·福莱特1989年出版的历史小说《圣殿春秋》，围绕王桥镇修道院院长发愿建立大教堂的主线，戏剧性地再现了中世纪城市形成和发展的过程。

首先来看教堂所在的地名——王桥（Kingsbridge）。由其得名可看出，交通条件是城市形成的重要因素。具备河流和桥梁水陆交通的便利，王桥镇有了城市化的先决条件。王桥修道院的菲利普（Philip）院长想在当地建设一座宏伟的大教堂，为了筹集资金，他向国王申请了羊毛交易市场的许可证。交易市场带来了大量的人流和其他商业活动，通过税收，菲利普院长筹得了建设教堂的巨额资金。家道中落的贵族少女阿莲娜（Aliena）在王桥镇经营羊毛生意，通过大教堂建设所汇集的人气，很快建立起自己的商业王国，能够支持兄弟的复兴大计。建筑师杰克（Jack）跟随其养父建筑师汤姆（Tom the builder）学习建筑技艺，并在后者身亡后担当起大教堂的设计总师和包工头，最终在有生之年完成了大教堂。在教堂建设过程中，他还完成了市场、住宅、磨坊等众多城镇建筑的建设。此外，他还组织镇民在一夜之间修建了临时城墙，抵御了宿敌威廉（William Hamleigh）的进攻。

修道院院长代表的是城市发展中的政治因素，羊毛商人代表的是城市发展的经济因素，建筑师代表的是工程技术因素，这三个方面不论哪一方有突破性进展，都会对城市发展带来深远影响，当三者齐心协力时，城市将飞速发展，从一个破落的小村庄成为辐射周边的商业文化重镇。

由于政治上一直处于分散状态，中世纪城市规模不大，但也是由于这种分散状态，中世纪城市没有一定之规，各个城市以自己的形式来适应当地的地形、气候和社会条件。中世纪的城市一般有着公共中心，中间宽阔的广场被市政厅、教堂、交易中心等公共建筑围绕，是市民活动的中心。城市一般还有着不规则的、狭窄的道路系统，这是随着居民区逐步膨胀而成形的。狭窄道路两旁是层数、建材、风格高度统一

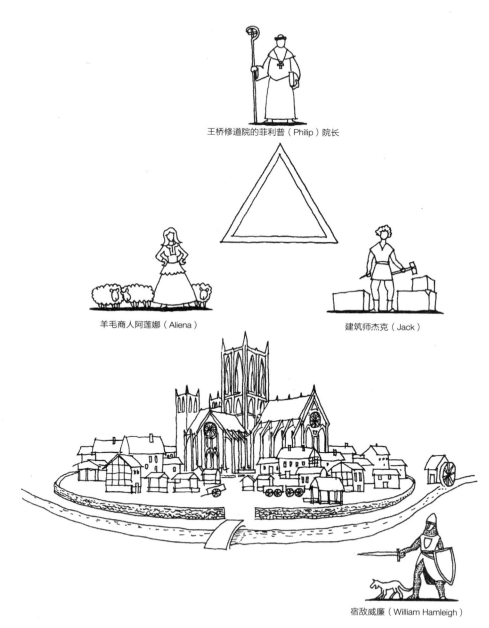

王桥修道院的菲利普（Philip）院长

羊毛商人阿莲娜（Aliena）

建筑师杰克（Jack）

宿敌威廉（William Hamleigh）

《圣殿春秋》中的王桥镇（Kingsbridge）成因

的居住区。能够形成这种面貌是由于地方法规对公私空间有着极为详尽的规定，这些规定保护了私人财产，又维护了共同的公共利益，其原则为现代城市设计所遵循。

中世纪留存的经典城市众多，随着时间的流逝，都与所在的地理环境融为一体。这一时期有作为城市防御典型的卡尔卡松城，有依山就势、作为精神高地的圣米歇尔山，有街道蜿蜒、向中心聚拢的锡耶纳，有坐落在潟湖上的威尼斯……每一座城市都以其独特的城市结构和风貌，展现了中世纪丰富的生活和惊人的创造力。

虽然在中世纪晚期，一些城市的人口数量已逐渐回升，如伦敦已达到10万人口的规模，但和罗马时代的城市相比，中世纪城市大多因商业贸易和封建统治逐渐聚居形成，缺乏足够的财力、人力和技术手段来进行城市的整体规划或者改造。这一时期的城市没有古罗马城市那样宏伟的输水道和道路排水设施，卫生条件都很差，在鼠疫等各种传染病的侵袭下，城市屡屡遭受重创。17世纪的鼠疫肆虐了整个欧洲，几近疯狂。1665年的6月至8月的仅仅3个月内，伦敦的人口就减少了1/10。到1665年8月，每周死亡达2000人，9月竟达8000人。鼠疫由伦敦向外蔓延，英国王室逃出伦敦，市内的富人也携家带口匆匆出逃……鼠疫等烈性传染病在中世纪一次次让城市发展倒退，直到后世卫生条件改善才彻底遏制住了这一威胁。

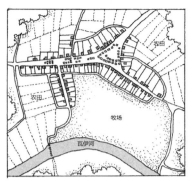

10世纪的赫里福德，沿着道路建有村民住房，周围是公共的耕地和森林。

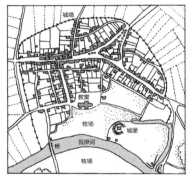

12世纪的赫里福德，住宅明显增多，村镇用栅栏保护起来，南部修建了大教堂和城堡，原有涉水处增加了一座桥。

21世纪的赫里福德，已经发展成为18万人口的城市片区，城堡变成了公园，城墙改为公路，道路基本保留原有走向

英国村镇赫里福德（Hereford）的发展

1 教堂
2 城堡
3 壕沟
4 城门
5 市集
6 墓地

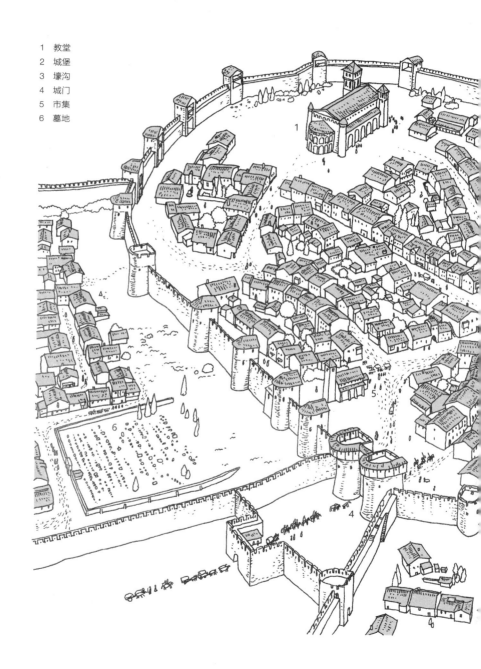

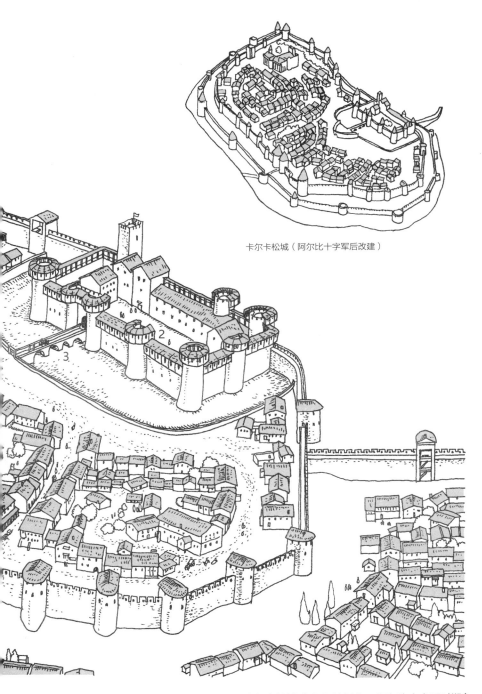

卡尔卡松城（阿尔比十字军后改建）

卡尔卡松城（公元1209年，阿尔比十字军时期）

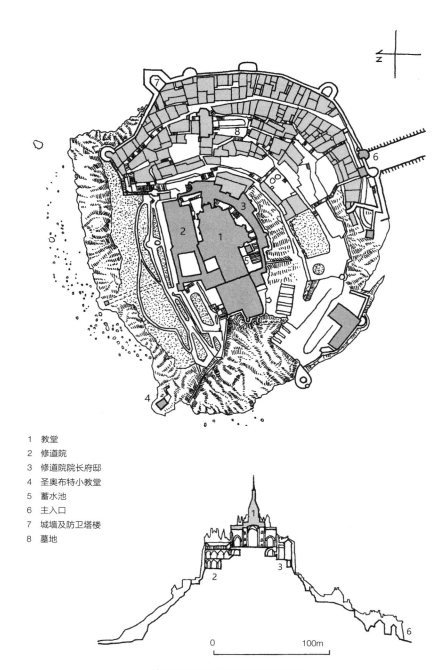

1 教堂
2 修道院
3 修道院院长府邸
4 圣奥布特小教堂
5 蓄水池
6 主入口
7 城墙及防卫塔楼
8 墓地

法国圣米歇尔山平面图与剖面图

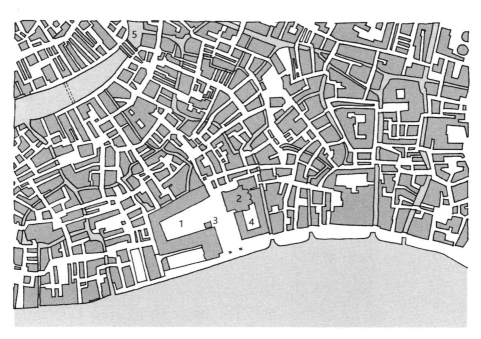

威尼斯圣马可广场周边地区图底关系

1　圣马可广场
2　圣马可大教堂
3　钟塔
4　总督府
5　宪法桥

威尼斯圣马可广场（Giovanni Antonio Canal，18世纪）

1　坎波广场
2　市政厅
3　集市广场
4　大教堂
5　教堂广场

锡耶纳城市空间关系与街景

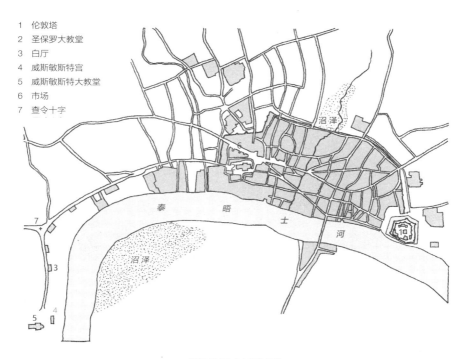

1　伦敦塔
2　圣保罗大教堂
3　白厅
4　威斯敏斯特宫
5　威斯敏斯特大教堂
6　市场
7　查令十字

伦敦地图（13世纪）

从泰晤士河看老圣保罗大教堂（17世纪）

中世纪布集市

死亡的胜利（局部）——老彼得·勃鲁盖尔，1562年

第八节

君权时代城市

十字军东征、英法百年战争等漫长的战乱不断消耗着封建领主阶层的人丁，商业发达带来的市民阶层的崛起，也颠覆着中世纪的经济基础。中世纪封建制度下各自为政的割据状态极大地限制了地区间的商业流动，兴起的商人阶层迫切地要求取消各地繁琐的关税，大一统的王权统治成为时代的召唤。马基雅维利的《君主论》为这一新的时代炮制了宣言，古登堡印刷术的推广让人文主义和民族主义的思想四散传播，火药的传入更是直接轰开了封建领主的堡垒，以亨利八世、伊丽莎白一世和路易十四为代表的君权时代整装亮相。

在艺术上，文艺复兴运动摆脱了中世纪宗教的束缚，向古希腊、古罗马学习美的观念。这一时期艺术家的职业地位发生了变化，成为高水平的专业人才，可以为城市创造性地构思新的布局、建造新的建筑。米开朗琪罗设计的卡比托利欧广场就是其典型代表。

1520年宗教改革后，天主教教皇的权力很快衰落，随之而兴起的是更为强大的欧陆君主国家。充裕的财力支撑这些君主们按照自己的理想振兴文化、改造城市，将自己的政治财富实体化。

为了配合路易十四的霸权战争，在法国边境地区出现了一系列要塞城市，统称为沃邦防御工事（Fortifications of Vauban）。这些要塞城市部署在法国西部、北部及东部边境线上，是军事工程师塞巴斯蒂安·勒·普雷斯特雷·沃邦（Sébastien Le Prestre de Vauban）代表作。沃邦要塞城市最大的特点在于环绕城市周边巨大的棱堡工事，在新时代火炮的进攻下，工程师在弹道计算和工程设计上的理性思维，使得要塞城市呈现出完美的图案形式。位于法国东北部阿尔萨斯地区的小镇新布里萨克，就是一座保留完好的沃邦军事要塞，城市规整的平面图形，也成为当时盛行的"理想城市"（ideal city）的模式。沃邦要塞城市作为新时期的城市样板，随着帝国扩张迅速在世界各地推广开。

新布里萨克有着典型的几何形路网，城市周边由八角形的图案形式构成防御工事的轮廓。广场位于城市几何中心，无论在城市的哪个位置都很容易到达。广场周边布

攻城火炮（14～15世纪）

古登堡金属活字印刷术（15世纪）

置教堂等公共建筑。城市最外围的房子是最简单的长条形住宅，其外侧有非常厚实的城墙，在战争来临时可以让里面的好房子尽量减少被炮火轰击的概率。城墙在四个重要的位置设置了巨大的出入口。

从面积比例上看，新布里萨克的城市所占比例甚小，而防御工事所占比例甚大。城市外围有两道防御系统，内部的一道防御内壳，八角的尖端可以设置视野良好的炮位。外围是一圈高度略低但十分厚实的八角形工事，可以阻挡敌方的炮火。在外围工事的内凹处还有八个棱形土堆，可以掩护城市的薄弱环节。城市的设计处处体现着沃邦这位军事工程师的"安全意识"。新时代的理想城市模式，随着帝国的扩张在全世界落地，美国的新奥尔良作为殖民城市，也具备了棋盘状的街道网、四合院街坊、中心开阔的广场和城市外围棱堡工事的特征。

除了发动战争开疆拓土，大一统的君主们也希望通过自己的首都的建设，用新的美学和城市形象来展现新时代的气息。古典主义的美学思想在君权专制与唯理主义思潮的时代得到了更加标准化的定义。这一美学思想强调理性、永恒、高贵、有秩序的视觉形象，主要通过古希腊与古罗马的古典柱式、建筑各部分的对称与协调感以及几何与数学关系（如黄金比例等）来实现。为了强调君主的绝对权力，在设计结构上一般都有十分明确的主从关系。路易十四统治期间，在巴黎城内修建了胜利广场、旺多姆广场和残废军人院，还在巴黎城外空旷的田野里规划建设一个巨大的皇家园林区——凡尔赛宫，通过林荫大道与城市联系起来。

凡尔赛宫创造了欧洲前所未有的地理景观，用大尺度的几何手法、强烈的轴线、对称的平面、放射形道路、几何形式构图、十字水渠与喷泉、被树篱封闭的两侧以及远处的自然森林、大量精美的雕塑小品创造了全新的人造风景，最终强调的是王权至上和唯理主义思想。凡尔赛宫虽然大部分为园林，但其布局模式对后来的城市建设有着巨大影响，放射性道路、纪念性广场和中心主体建筑物的手法成为很多中心城市在规划建设中的首先想到的准则。17世纪伦敦大火后，克里斯托弗·雷恩（Christopher Wren）提交的复兴规划就打算塑造一个巴洛克式富丽堂皇的城市。

绝对君权时代在欧洲城市文明漫长的历史中只能算是昙花一现，但其通过工程几何构建平面美学的方式，成为最容易模仿的城市规划布局手法，随后不久就出现在新大陆的华盛顿和堪培拉。同时，这种用简单的几何形式粗暴地宣扬权力意志的手法一直是后世各种集权统治者的最爱，例如阿道夫·希特勒的新柏林中心——日耳曼尼亚规划。

米开朗琪罗（1475～1564年）

罗马卡比托里广场（1536～1546年）

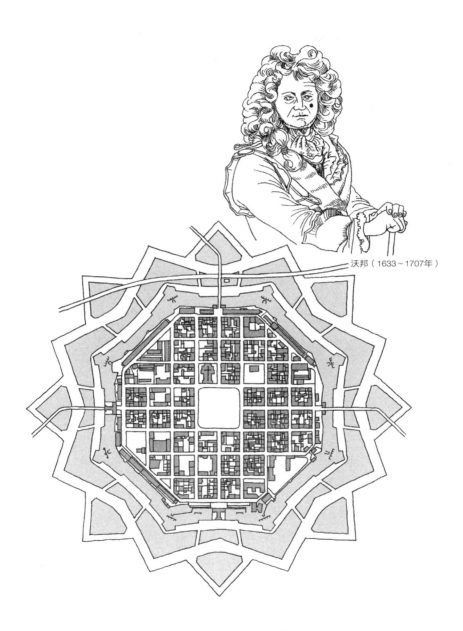

沃邦（1633～1707年）

新布里萨克平面图

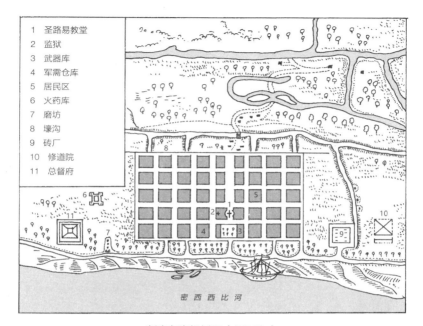

1　圣路易教堂
2　监狱
3　武器库
4　军需仓库
5　居民区
6　火药库
7　磨坊
8　壕沟
9　砖厂
10　修道院
11　总督府

密 西 西 比 河

新奥尔良规划图（1728年）

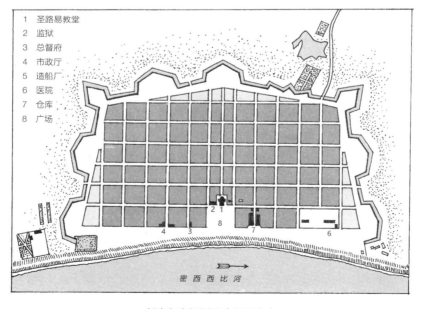

1　圣路易教堂
2　监狱
3　总督府
4　市政厅
5　造船厂
6　医院
7　仓库
8　广场

密 西 西 比 河

新奥尔良规划图（1763年）

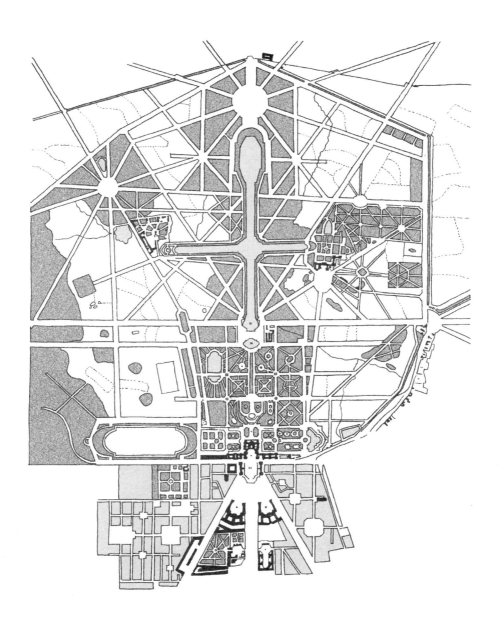

凡尔赛宫规划图（17世纪）

巴黎旺多姆广场街景（1890年）

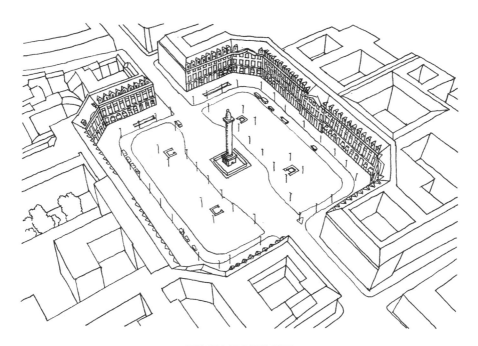

巴黎旺多姆广场俯瞰图

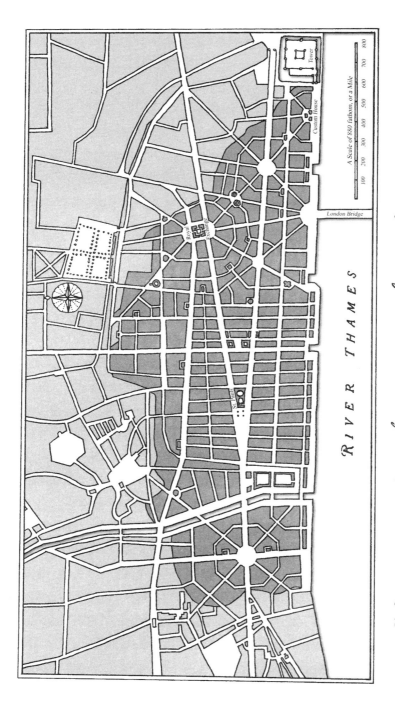

克里斯托弗·雷恩伦敦规划（1666年）

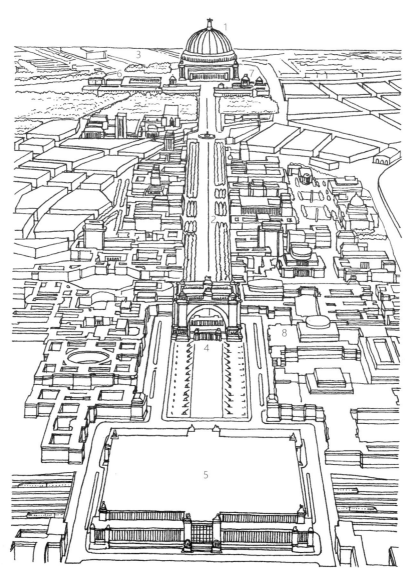

1	290米高大会堂	5	火车南站
2	40公里长南北轴线	6	元首宫
3	48公顷倒影池	7	国会
4	117米高凯旋门	8	政府机构

柏林"世界之都日耳曼尼亚"计划（1935年）

第九节
中国古代城市

　　中国在新石器时代晚期后段，出现了许多原始聚落，而公认最早的城市，则是夏代的二里头遗址。二里头发现了大量建在夯土台上的大型宫殿群，开创了日后宫城的体制。

　　西周灭商之后分封诸侯统治各地，掀起了各自治所城市建设的热潮，为了从礼法上管理各诸侯，也为了统一指导城市建设，《周礼·考工记》专门对城市建设提出了要求，天子之城的建设标准是"方九里、旁三门、前朝后市、左祖右社、市朝一夫"，其下诸侯、贵族们的城"等而下之"。这一关于城市理想化布局的文字记载，成为中国古代最早有关城市规划的理论。《周礼·考工记》对于城市建设的要求，说明了古代中国把城市作为礼乐制度的空间载体。按照它的要求，城市选址应该位于自然环境和农业活动的中心位置，城市布局方正有序，象征了礼乐制度的规矩秩序。城墙围合四周，在防御功能之上，也传达出王权不可侵犯的威严。在城市中，王宫及行政中心位于中央，代表了中央集权的治理方式和奉天承运的制度合理性。宗庙和社坛

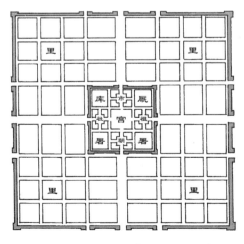

西周王城示意图——《周礼·考工记》

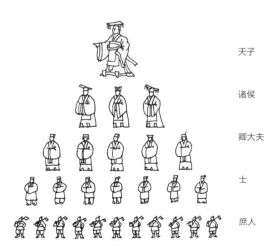

西周封建等级制度示意图

是与祖先和自然沟通的场所，通过常年的祭祀活动，保障了政权的合法性。而市场作为农业社会不受重视的因素，放在了城市北面的次要位置。《周礼·考工记》提出的城市规划建设理念，是个人需求、社会组织、意识形态和城市形态的高度统一，并作为历代都城的模板延续下来。

秦始皇统一中国后，又鉴于周代分封制导致的诸侯割据、国家分裂和持续战争，转而在全国推广郡县制。郡县官员由中央直接任免，有利于中央集权的加强和国家统一。秦亡后，汉代仍承袭这个制度，形成州、郡、县三级行政管理，自此成为日后历朝历代地方政制的基础。在郡县制的影响下，州、郡、县的治所所在，成为周边地区政治经济中心，很多城市都延续至今。都城、省城和县城，构成了中国古代城市的三级结构，一直延续到1911年清王朝覆灭为止。

在统一王朝的治理下，中国出现了如汉长安、唐长安、宋汴京、明清北京等一系列超级都市，拥有广阔的城市面积和巨量的非农业城市人口，成为工业文明之前的城市典范，吸引了全国乃至世界的目光。

帝国首都上百万人口的城市运作，远远超出了一般城市周边农业地区的承载力，需要有更强大的基础设施让其从全国获取资源。隋朝以后的都城发展，就得益于以京杭大运河为代表的南北运河体系的修建。京杭大运河南起杭州，北至今北京，途经浙江、江苏、山东、河北四省及天津市，贯通海河、黄河、淮河、长江、钱塘江五大水系，全长约1797公里。京杭大运河起源于2500年前吴国为伐齐而挖掘的邗沟，而后在隋朝大幅度扩修，并贯通至都城洛阳且北连涿郡（今北京），元朝翻修时弃洛阳而取直至北京。以运河为基础，帝国建立了庞大而复杂的漕运体系，将各地的物资源源不断地输往都城所在地，供养着庞大的都市生活。

除了首都之外，中国还有大量的省城（在不同朝代有不同称谓）和县城，这些城市和首都一样，城市化的基本动力是行政管理的需求，其作用主要是为了使城市所控制的周边农村地区经济稳定发展，以提供国家运转所需的农产品和税收。正是基于这一功能，最早的县城围墙之中，各级官署和粮食仓库占据了较大的比例。而后，随着科举制度的出现，县城作为基础的院试举办地，设立了专门的试院，以及作为精神核心的文庙。当佛教在中国兴盛后，与道教等其他乡土宗教一起，落脚在城市中的大小庙宇中，成为城市居民的精神寄托，也是地方政治中的教化中心和节庆时的商业中心。

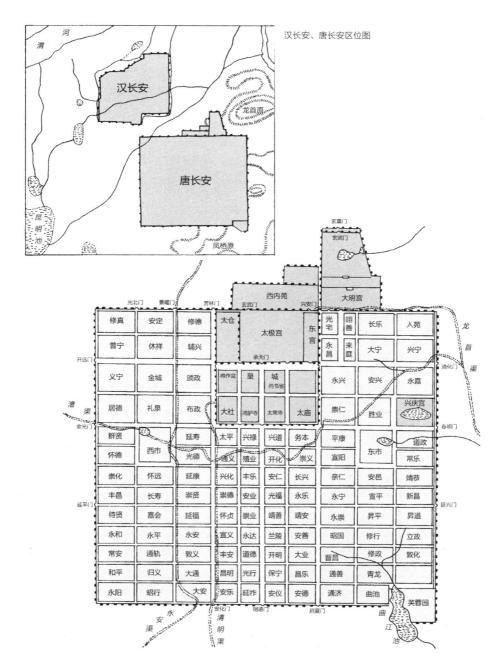

汉长安、唐长安区位图

唐代长安图（8世纪）

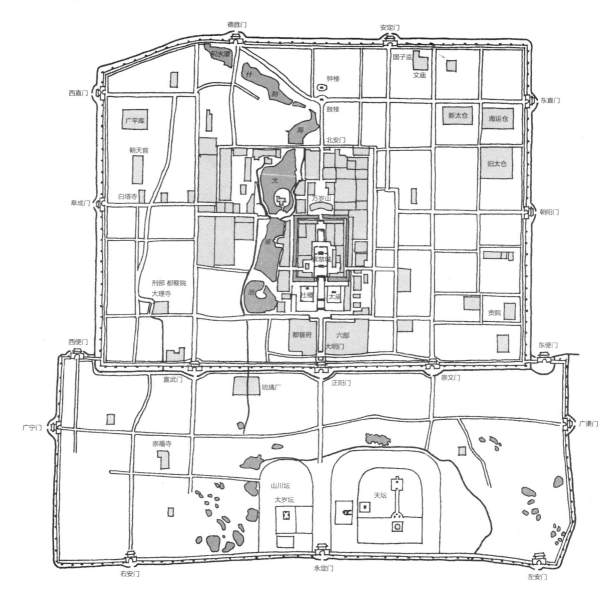

明北京城（16~17世纪）

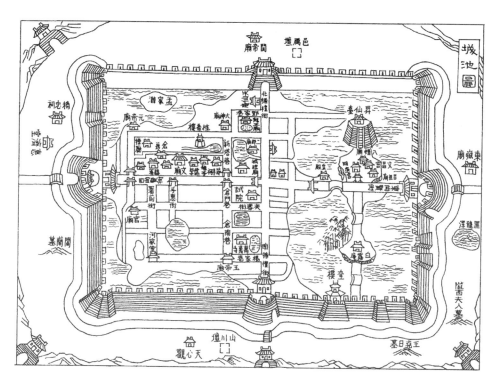

城池基本要素

防卫功能	行政功能	教化功能	支撑功能
城墙	县署	寺庙	粮厅
城门	文庙		仓房
城楼	试院		

鹿邑县志《城池图》(清·光绪年间)

在首都、省城和县城这一行政管理层级之外，还有一些商业贸易城市和军事要塞城市随着时代的发展而出现。比如南方出现了沿海和沿京杭大运河的商贸城市——杭州、苏州、扬州、淮安、商丘、泉州等，它们有的同样肩负着行政管理的职能，有的就纯粹作为商贸都市而存在，城市内部的功能和布局也渐渐发生变化。这些城市有的在内部突破了原有固定位置设集市的限制，在城内大街两旁开始开设店铺，有的甚至

漕运图（张为民）

突破了原有城墙的范围，沿大道、运河继续延伸，展现出商业驱动下的新形态。

　　纵观古代中国几千年的城市发展历史，是在统治者的理想统治模式下，随着时代变化而不断发展的。一方面体现了大一统王朝在城市结构上的主导性，另一方面又顺应经济发展的变化不断进行调整。围墙中的中国城市外表看似千城一面，内部却呈现出丰富的变化和活力。

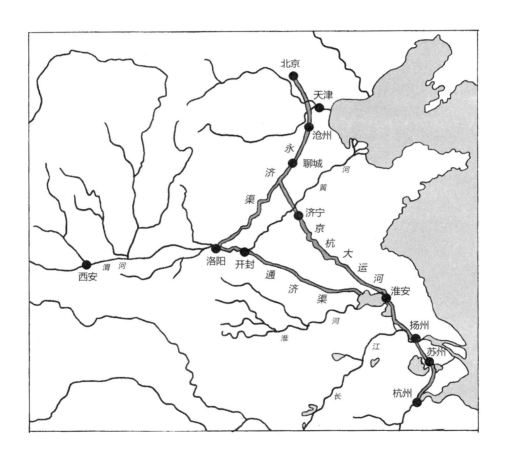

中国历代大运河走向图

北宋都城汴京城市生活（北宋·张择端《清明上河图》）

第三章

被规划城市

第一节
工业革命时代城市

18世纪后半叶，工业革命开始改变城市的历史进程，这是一场以机器取代人力、以大规模工厂化生产取代个体工厂手工生产的生产技术革命。工业革命是人类城市化出现以来最大的改变因素，机器的大量运用极大提升了人们建设改造城市的能力，机器的生产能力极大地提升了各种物资的产量，能够让城市养活最多的人口，大量的城市人口和新产业也对城市内部功能和社会结构产生了很多颠覆性的变革。

工业革命的城市首先变大了。和单纯的农业社会相比，工业革命时代的城市能够养活更多的非农业人口，而且能够给他们提供更多的就业机会。伦敦中世纪只有10万人口，18世纪末已有100万人口，而1841年达到了200万，在1851年达到了250万。城市的范围也突破了原有城墙的限制，并跨过泰晤士河发展。

工业革命的城市也变得更快了。工业革命在技术上推动了道路建设和交通运载工具的发展，新增的交通需求又不断要求技术创新。1807年，美国人罗伯特·富尔顿（Robert Fulton）的蒸汽船"克莱蒙特号"试航成功，1830年9月15日，世界上第一条客运铁路（利物浦—曼彻斯特铁路）正式开通。铁路网在欧洲城市的建立缩短了城市之间的距离，催发了更多的出行。城市和市郊之间，城市内部的公共马车、通勤火车乃至地铁也逐渐出现。

工业革命的城市还变得更深了。1843年英国人查尔斯·皮尔逊（Charles Pearson）为伦敦市设计了世界上最早的城市地铁系统，地下铁路成为伦敦历史上第一个多数市民可以使用和负担得起的公共交通工具。其他城市不久也纷纷仿效伦敦。除了地下的公共交通体系，巨量城市带来的饮水和污水混杂问题，也促使工程师们统一考虑城市的地下排水系统。1854年，厄热-贝尔格朗（Erge Berglund）开始负责巴黎下水道设计和施工。到1878年为止，巴黎修建了600公里长的下水道。除了正常的下水设施，工业革命时代的城市还铺设了天然气管道和电缆。通过对城市地下空间的利用，地铁和下水道、燃气电力等其他设施一起保障了现代大都市在超级人口负荷下的正常运转。

　　工业革命影响下新的城市功能出现，改变了城市的重心和面貌。工业化时期，城市的迅速增长导致原有的市中心发生了变化，工业品带来的资本增加，使得城市中心的交易所渐渐扩大为金融中心。中世纪的伦敦城面积2.6平方公里，也被称为"一平方英里"（Square Mile）。工业革命后，伴随着英国在全球金融地位的崛起，该地

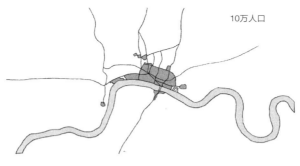

伦敦城区图（1300年）

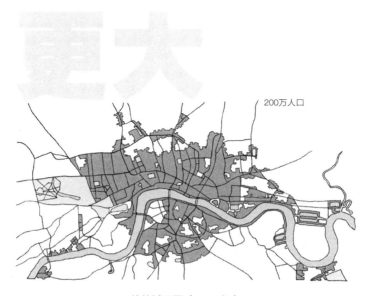

伦敦城区图（1841年）

乔治·史蒂文森的火
箭号火车（1829年）

伦敦至巴斯蒸汽汽车
（19世纪）

聚集了大量银行、证券交易所、黄金市场等金融机构，所以又称为"伦敦金融城"。在工业革命时代，金融资本掌握了整个工业的命脉，金融中心取代了以前城市中的教堂、王宫和市政厅，成为城市至高权利的所在。

最早的工业区主要依托矿区或其他原材料的产区而建设，随后开始在城市周边地区蔓延。这一速度如此之快，以至于城郊区并不像中世纪或君权时期那样，由事先规划的城市扩展区所组成，而是其中迅速布满了许多差异很大、彼此间毫无联系的建筑。在这些杂乱无章的郊区中，有豪华建筑、贫民区、工厂、仓库及基础设施等。

工业革命早期也是底层人民生活最悲惨的时期。当时典型的工人住宅区里，许多房子一幢挨一幢地建在尽可能窄小的空间中，这些住宅内部缺乏采光和通风，狭小的房间里住着工人夫妇和他们众多的子女，房间既是卧室，又是厨房和餐厅。压抑的空间、潮湿的空气、呛人的烟雾对健康极为不利，肺结核、伤寒、霍乱、天花一直在住宅区上空"徘徊"。密集的住宅之外是喧闹而污秽的街道，沿街有开敞的水沟，垃圾成堆……

城市里最穷困的居民所遭受的悲惨境地，不仅使得较高社会阶层中的有识之士动了恻隐之心，也带来了可怕的公共健康威胁，毕竟在瘟疫面前，任何人都不能幸免。经过多年的激烈讨论，英国于1848年夏天制定了健康法，法国也于1850年制定了健康法。

除了健康法律的制定，还有人试图通过改造工业城市的生产关系来塑造新的工业城市。空想社会主义者罗伯特·欧文（Robert Owen）是位富有的英国企业家。1825年，他在美国印第安纳州（Indiana）购买的一块土地上设置第一个居住区样板——新和谐公社。按照公社规定，全体公社成员依照年龄大小从事各种有益的劳动，所有成员各司其职，各尽所能，"和谐"相处。除了欧文以外，还有法国人圣西门和傅立叶进行了自己的尝试，傅里叶提出组建名叫"法郎吉"的协作社。这些伟大的空想家们的试验都以失败告终，但他们为生活在城市中更多的人争取权利，将统治者的城市转化为尊重普通人的城市。理想主义者的努力激发了更多的人，为城市的改良指引了方向。

在19世纪下半叶，工业时代的城市终于有了一个全面改观的样板，这就是法兰西第二帝国统治时期的"奥斯曼巴黎改造计划"。巴黎改造计划首先是修建道路系统。1852年奥斯曼计划启动前，巴黎城市的道路总长是239英里，经过奥斯曼的不断努力，到1860年道路增至261英里，1870年道路拓宽了一倍之多。其次，奥斯曼计划依托道路系统新建了城市主要的基础设施，如自来水管网、排水沟渠、煤气照明和行驶马车的公共交通网。同时，计划还新建了学校、医院、大学教学楼、兵营、监狱等公共设施，满足了现代城市的生活需求。为了使新的城市面貌显得雄伟壮观，奥斯曼延用了传统巴洛克式的城市规划手法——力求规律和统一。奥斯曼对巴黎城市的道路系统改造，缓解了城市拥堵、道路紊乱的问题，推动了巴黎公共设施的建设，成为下一个时代城市系统规划和建设的先声。

在新大陆的城市，由于没有原有中世纪老城的负担，可以在工业革命的助力下快速发展。纽约作为一座年轻的殖民城市，秉承殖民城市共有的特征，以方格网的城市格局不断向着内陆蔓延。纽约的城市网格平面规划完全服务于土地开发和房屋建设，能够方便廉价地安置大量移民人口。这是一个缺乏美观的设计，但实用并有利可图。1785年美国颁布的《土地法》，成为这一系列城市拓展的法律依据，同时也是工业革命背后兴起的工商资本权力的体现，在新大陆再没有国王的话语权。

除了在土地制度下的不断扩张，新大陆的人也有着和旧大陆同样的理想主义者，希望在北美大陆这一片白纸上，建设一座理想化的全新城市。在19世纪后半段，出现了"城市美化"运动。当1871年芝加哥大火之后重建市中心时，就为"城市美化运动"的实现提供了一个独特的机会。新建设的芝加哥白城有齐全的公共设施、美丽如画的河岸、宽阔整洁的街道、绿草如茵的运动场、四通八达的交通、壮观的建筑，显示出当时世界上"理想城市的面貌"。

工业革命以来，近现代的城市空间环境和物质形态发生了深刻变化。城市人口和用地规模急剧膨胀，城镇自发蔓延生长的速度之快超出了人们的预期，而且超出了人们用常规手段驾驭的能力。应对城市的剧烈变化，人们意识到只有通过整体的形态规划才有可能摆脱城镇发展现实中的困境。因此，以总体可见形态的环境来影响社会、经济和文化活动，渐渐形成了社会共识。城市规划也因此作为一门学科登上了历史舞台。

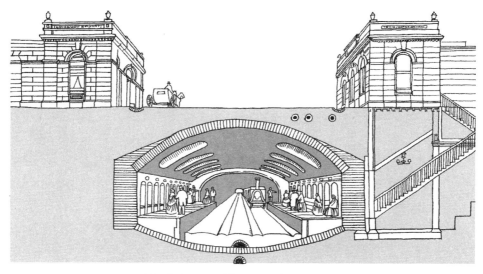

伦敦的地下铁道（《环球画报》，1867年）

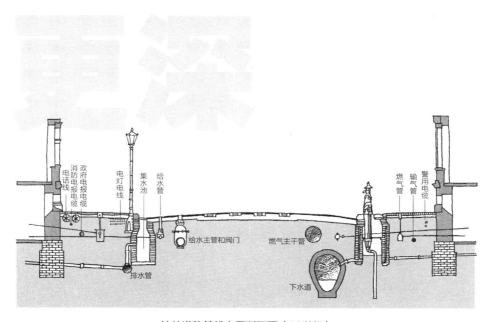

柏林道路管线布置断面图（19世纪）

伦敦皇家交易所和英格兰银行（19世纪）

曼彻斯特码头和工厂（19世纪）

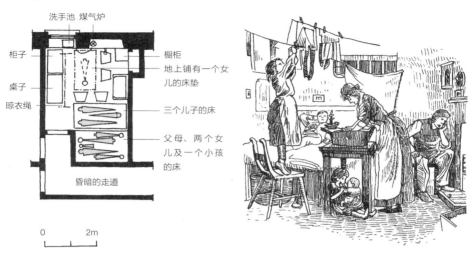

格拉斯哥9口贫民家庭平面图（1848年）　　　　维多利亚时期英国贫民家庭室内

伦敦高架桥下贫民区（古斯塔夫·多雷绘，1872年）

罗伯特·欧文及其构想的"和谐而合作的居住区"

街垒（电影《悲惨世界》，2012年）

乔治–欧仁·奥斯曼男爵
（奥诺雷·杜米埃绘，1854年）

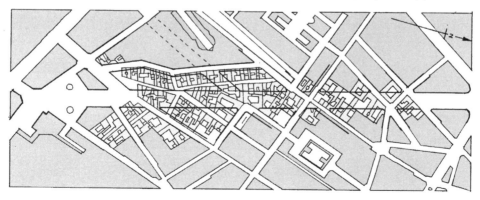

奥斯曼计划（歌剧院大道改造规划图，1850年）

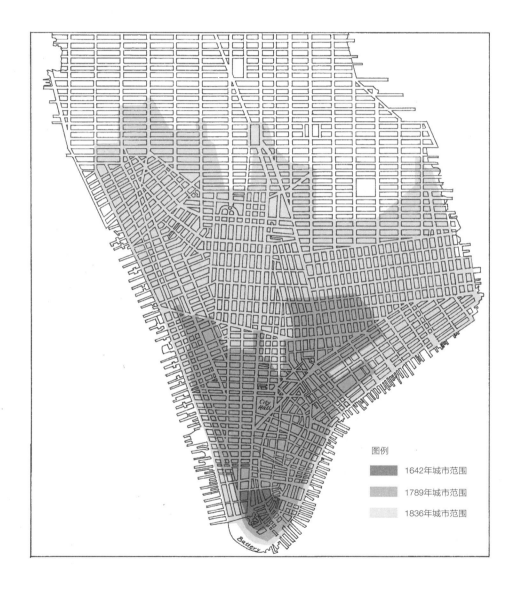

纽约城市拓展图（17~19世纪）

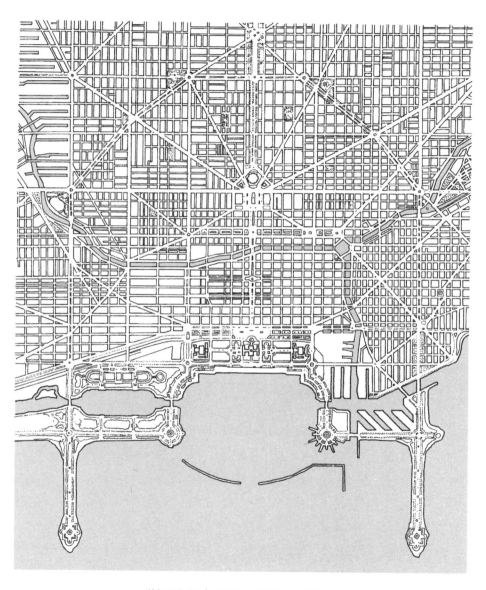

芝加哥规划（丹尼尔·伯纳姆，1909年）

城市规划的诞生

20世纪起始于一个理性主义大行其道的时代，那时候的人们普遍对未来充满希望。19世纪60年代西方发达国家开始了第二次工业革命，由此产生的各种新技术、新发明层出不穷，并被应用于各种工业生产领域，促进了经济的进一步发展，对城市的发展也产生了深远的影响。发电机、电灯、电车、电影放映机相继问世，人类进入了"电气时代"。报纸、广播、电视等大众传媒塑造了全新的一代人，千百万人可以听从一种召唤，发出一种声音，由此迸发出来的能量和破坏力也是前所未有的。

面对工业文明时期糟糕的城市生活，有识之士在理性主义光辉的引导下，提出了改造城市的方案，一个方向是延续罗伯特·欧文的理想，摒弃过于密集的城市，在城乡之间建构更理想的平衡；另一个方向则是借助新的工程技术，按照现代化大生产的要求彻底地改造城市。第一个方向以埃比尼泽·霍华德（Ebenezer Howard）的"田园城市"理论为代表，第二个方向以勒·柯布西耶（Le Corbusier）的"光辉城市"理论为代表。

霍华德在他的著作《明日，一条通向真正改革的和平道路》中提出应该建设一种兼有城市和乡村优点的理想城市，他称之为"田园城市"。霍华德设想的"田园城市"占地为6000英亩，包含城市与周边田园，其中居住32000人。"田园城市"的平面为圆形。中央是一个公园，有6条主干道路从中心向外辐射，把城市分成6个区。城市最外圈的地区建设各类工厂、仓库、市场。霍华德希望通过疏导过分拥挤的城市人口，在乡村建设小尺度的新型城市，并改革土地制度，让地价的增值归开发者集体所有，减小贫富差距，并保障公共服务的有效运转。霍华德的"田园城市"和欧文的"新和谐公社"一样，依旧无法满足工业化大生产对城市集中的强烈需求，也无法抗衡根深蒂固的土地私有化制度，虽然他的理论引起了社会的广泛重视，但其理想很难圆满实现。霍华德的尝试虽然失败，但他对于城市在规模、布局、公共服务、土地制度、运营管理上的系统考虑，对现代城市规划思想起了重要的启蒙作用。

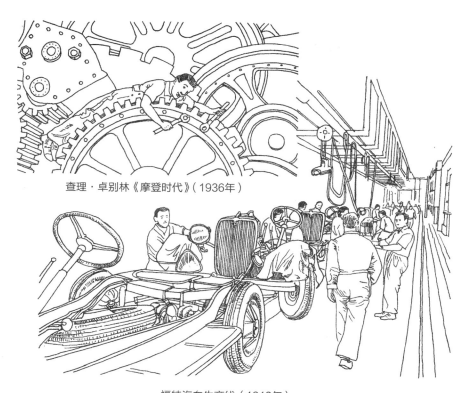

查理·卓别林《摩登时代》（1936年）

福特汽车生产线（1913年）

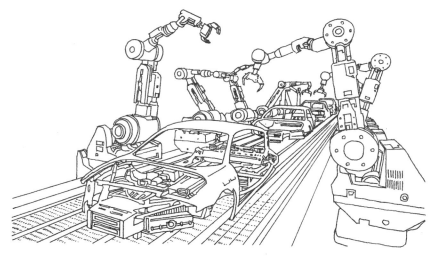

汽车自动化生产线（21世纪）

在强调功能主义建筑革命之上，建筑师勒·柯布西耶大胆地提出建设一种与传统城市截然不同的、能够适应现代工业化生产方式和汽车时代的现代城市，他称之为"光辉城市"。这是一座完全消除了传统城市中的街区、街道、内院这样一些概念的城市。12～15层高的住宅楼以锯齿状蜿蜒盘旋在城市中。高速公路以400米的间距呈网格状分布在楼宇之间，个别地方则穿楼而过。所有的路口都采用立体交叉。高速公路上每隔100米设有一个半岛式的停车场，与住宅楼直接相连。住宅楼以相距100米的停车场和电梯间构成基本居住单位，每个停车场和电梯间服务2700个居民。每个这样的居住单位都配备各种与家庭生活直接相关的公共服务设施。规划中的所有住宅楼底层全部架空，高速公路也全部建造在5米高的空中，整个地面100%都留给行人和绿地、沙滩等活动空间。工厂区和商业区远远离开城市，通过高架的高速公路、地面铁路和地下铁路与城市联系在一起。

柯布西耶方案对现有城市脱胎换骨的改造，有着经济成本和产权关系上难以逾越的障碍，但比霍华德幸运的是，他的方案体现出的一种新时代的权力意志，得到了追求效率和气派的现代社会当权者的青睐，也得到了快速城市化时代开发商的青睐，因而得以在全世界铺陈开。

1933年8月，国际现代建筑协会（CIAM）第4次会议通过了关于城市规划理论和方法的纲领性文件——《城市规划大纲》，后来被称作《雅典宪章》。该《大纲》提出了城市功能分区和以人为本的思想，集中地反映了"现代建筑学派"的观点，特别是柯布西耶对于城市功能主义的设想。

《雅典宪章》在世界上第一次系统地提出了城市规划的理论，城市第一次被作为一个"系统"整体纳入规划者思考的范围。这种做法在当时有着重要的意义，很好地缓解和改善了工业化发展带来的各种问题。虽然在后世的实践过程中，《雅典宪章》过于机械的城市功能分区破坏了城市的有机联系，让新建的城市缺乏生气。但宪章中"以人为本"的规划原则、系统化的规划理念却是人类打开现代城市大门的钥匙，是现代城市规划理论的基石。

20世纪初传播手段

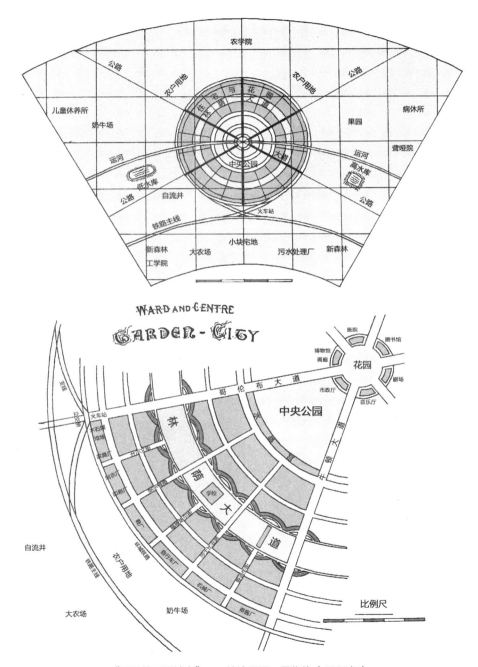

"明日的田园城市"——埃比尼泽·霍华德（1898年）

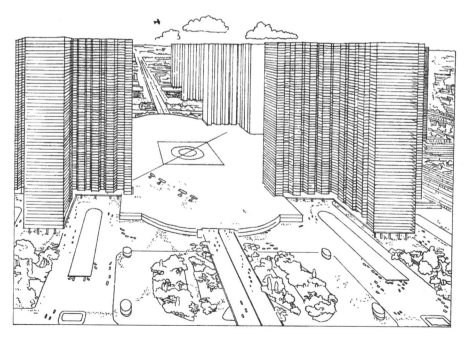

勒·柯布西耶——"光辉城市"（1933年）

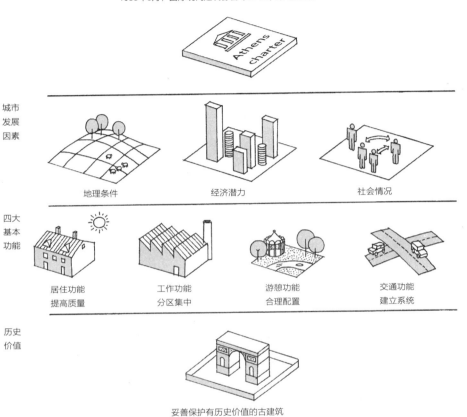

1933年8月，国际现代建筑协会（CIAM）第4次会议

城市
发展
因素

地理条件　　　　经济潜力　　　　社会情况

四大
基本
功能

居住功能　　　工作功能　　　游憩功能　　　交通功能
提高质量　　　分区集中　　　合理配置　　　建立系统

历史
价值

妥善保护有历史价值的古建筑

方法
途径

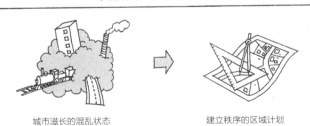

城市滋长的混乱状态　　　建立秩序的区域计划

《雅典宪章》要点

第三节
规划指引下的城市

以《雅典宪章》为代表的现代城市规划理念，为人们描绘了一个充满理想色彩的城市未来。进步、繁荣、幸福的现代城市斩断了与落后过往的联系，对于"二战"后许多独立后的新兴民族国家极具感召力。在这些国家，现代主义式的城市规划方法得到了推崇和实行，较有代表性的有印度昌迪加尔和巴西首都巴西利亚。

1951年，柯布西耶幸运地在独立后的印度亲自主持规划和建设了一座城市——昌迪加尔。昌迪加尔背靠喜马拉雅山，占地约40平方公里，规划人口规模近期为15万人，远期为50万人。作为柯布西耶晚期作品，城市的总体规划从机器开始转变为一个有机体，并以"人体"为象征进行城市布局结构的规划。从现实角度出发，昌迪加尔在具体规划设计上充分考虑了当地的自然环境、气候、文化习俗等因素，在建筑处理和环境处理上有很多创新。但总体的规划思路仍然是现代主义最为核心的功能分区理念，在使用中发现城市空间尺度过大，方便汽车的快速道路上走着牛和骆驼，环境不能形成积极有效的空间，不方便传统小商贩的经营。

1956年，巴西利亚的规划方案通过国际竞赛获得，卢西奥·科斯塔（Lucio Costa）以"飞机"的形状进行城市布局。总统府、议会、最高法院环绕三权广场，20多个火柴盒式大楼以统一的建筑风格沿主干公路两侧而立，这些行政机构的建筑构成了"飞机"的机头。"机身"由EXAO车站大道和绿地组成，左右两边为南北"机翼"，由商业区和住宅区组成，宽阔的车站大道又把城市分为东西两边。住宅区呈方格网状分布，两个住宅区之间就有一个商业区。生活区之间隔着绿地或者花圃和丛林，四季常青。主轴线东端主要布置市政机关，西端是城市的铁路客运站。城内各行各业均有自己的"安置区"，银行区、旅馆区、商业区、游乐区、住宅区，甚至修车都有固定的区位。为了保证"大飞机"的城市布局不被破坏，巴西政府严格限制对于主城区的开发利用。城内不准建新住宅区，居民只能尽量分布在城外的卫星城里居住。

巴西利亚是一座以建筑师思维主导、严格遵循《雅典宪章》准则的城市。但这样的城市规划并没有很好地考虑身处其中的人的复杂需求，以及城市未来发展的需要，这给市民造成了极大不便。

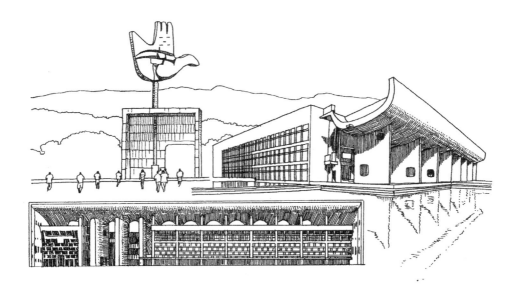

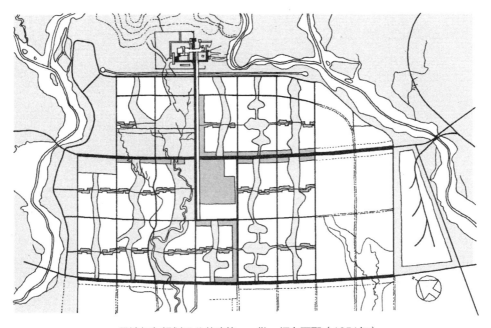

昌迪加尔规划及公共建筑——勒·柯布西耶（1951年）

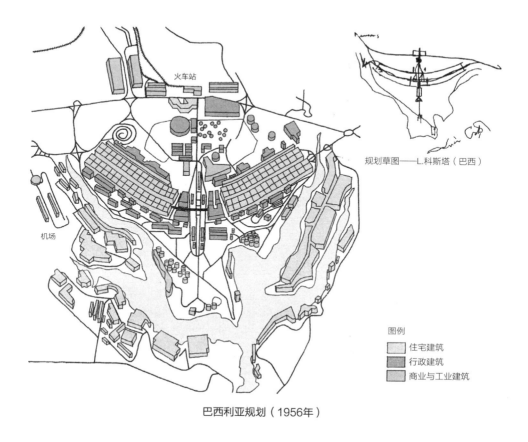

规划草图——L.科斯塔（巴西）

图例
住宅建筑
行政建筑
商业与工业建筑

巴西利亚规划（1956年）

霍华德的"田园城市"理论则催生出许多城市分散布局的规划探索。与柯布西耶齐名的现代主义建筑大师弗兰克·劳埃德·赖特（Frank Lloyd Wright）在霍华德"田园城市"的基础上更进一步，提出了"广亩城市"的概念。赖特认为现代城市不能适应现代生活的需要，他提出一个把集中的城市重新分布在一个地区性农业的方格网格上的方案。在"广亩城市"中，每一户周围都有一英亩的土地来生产供自己消费的食物和蔬菜。居住区之间以高速公路相连接，提供方便的汽车交通。沿着这些公路建设公共设施、加油站等，并将其自然地分布在为整个地区服务的商业中心之内。

汽车的普及支撑了赖特"分散城市"的设想，但横冲直撞的汽车造成的噪声干扰和安全威胁，也让另外的人思索如何在汽车的包围中营造更安全的社区。1929年美国人科拉伦斯·佩里（Clarence Perry）创建了"邻里单元"理论。这一理论针对当

广亩城市概念——F.L.赖特（20世纪30年代）

时城市道路上机动车交通日益增长，致使经常发生的车祸严重威胁穿越街道的老弱及儿童，以及交叉口过多和住宅朝向不好等问题，要求在较大范围内统一规划居住区，使每一个"邻里单位"成为居住的"细胞"，并把居住区的安静、朝向、卫生和安全置于重要的位置。

　　"有机疏散理论"是芬兰学者埃列尔·沙里宁（Eliel Saarinen）针对大城市过分膨胀带来的各种弊病而提出的城市规划中疏导大城市的理念。"有机疏散理论"认为应当把城市的部分功能疏导出城市中心区，例如重工业和轻工业。城市中心区将保留城市行政管理部门，中心地区由于工业外迁而空出的大面积用地，应该用来增加绿地，而且也可以供必须在城市中心地区工作的技术人员、行政管理人员、商业人员居住，

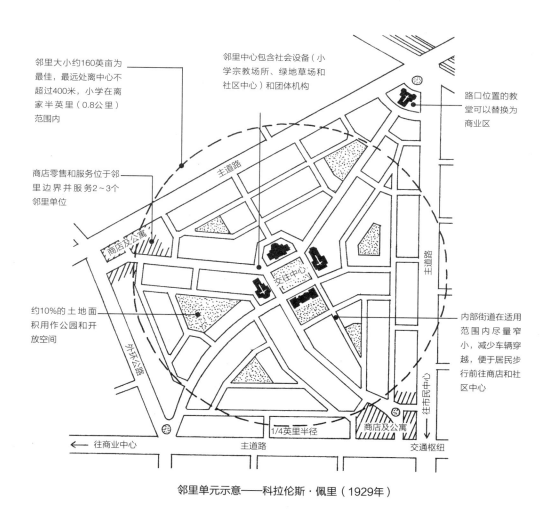

邻里大小约160英亩为最佳，最远处离中心不超过400米，小学在离家半英里（0.8公里）范围内

邻里中心包含社会设备（小学宗教场所、绿地草场和社区中心）和团体机构

路口位置的教堂可以替换为商业区

商店零售和服务位于邻里边界并服务2~3个邻里单位

约10%的土地面积用作公园和开放空间

内部街道在适用范围内尽量窄小，减少车辆穿越，便于居民步行前往商店和社区中心

主道路

商店及公寓

交往中心

外环公路

主道路

往市民中心

1/4英里半径

商店及公寓

← 往商业中心

主道路

交通枢纽

邻里单元示意——科拉伦斯·佩里（1929年）

让他们就近享受家庭生活。很大一部分公共服务设施，也将离开拥挤的中心地区向外疏散。挤在城市中心地区的许多家庭会随着就业岗位和服务的外迁而疏散到新区去，同时得到更适合的居住环境。中心地区的人口密度也会因此降低。

　　"二战"之后，西方许多大城市纷纷以沙里宁的"有机疏散理论"为指导，调整城市发展战略，形成了健康、有序的发展模式。其中最著名的是"大伦敦规划"。1942～1944年由帕特里克·阿伯克隆比（Sir Patrick Abercrombie，1879～1957年）主持制定的大伦敦地区的规划方案，是"二战"后指导伦敦地区城市发展的重要文件。该规划方案汲取了霍华德、格迪斯（Patrick Geddes）和沙里宁等人关于城市分散的思想，体现了格迪斯提出的城镇群的概念。大伦敦地区规划构建了由内向外四层地域圈：内圈、近郊圈、绿带圈、外圈。内圈是控制工业、改造旧街坊、降低人口密度、恢复功能的地区；近郊圈作为建设良好的居住区和健全地方自治团体的地区；绿带圈的宽度约16公里，以农田和游憩地带为主，严格控制建设，作为制止城市向外扩展的屏障；外圈计划建设8个具有工作场所和居住区的新城，从中心地区疏散40万人到新城去（每个新城平均容纳5万人），另外还计划疏散60万人到外圈地区现有的

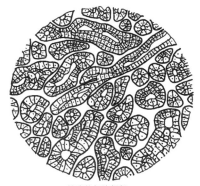

健康的细胞组织

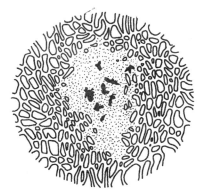

衰亡的细胞组织

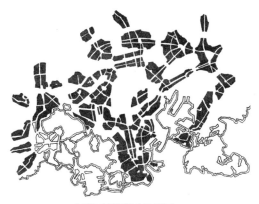

大赫尔辛基规划（1918年）

有机疏散理论——埃列尔·萨里宁（1943年）

小城镇去。大伦敦规划体现了20世纪初期以来西方国家城市规划的一些主要理论观点，对20世纪40～50年代以后各国的大城市规划有深刻的影响。

追随霍华德田园城市理想而产生的"卫星城理论"，也通过大伦敦规划得到了广泛实践。英国政府于1946年制定"新城市法"，把在特大城市外围建设新城的设想作为政府计划予以实施。在20世纪50年代末，在离伦敦市中心50公里的半径内已建设了8座卫星城，又称伦敦圈（London Ring）新城。这8座卫星城是为了解决大城市人口集中、住房条件恶化、工业发展缺乏用地等问题而建设的。建设的目标是"既

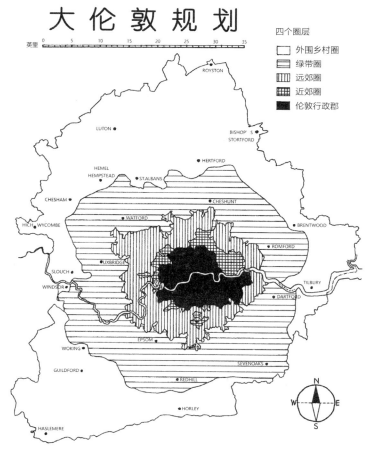

大伦敦规划——阿伯克隆比（1944年）

能生活又能工作，内部平衡和独立自足"。为了达到这个目标，新城千方百计引进工业，并注意避免工业部门单一化，为新城居民提供相当数量的工作岗位。除居住建筑外，新城配有基本的生活服务设施，基本满足居民的工作和日常生活的需要。米尔顿·凯恩斯位于英格兰中部，是英国新城镇建设的成功典范。新城1970年开始建设到1981年，新城人口达12万人，有丰富的城市功能和健康的产业。

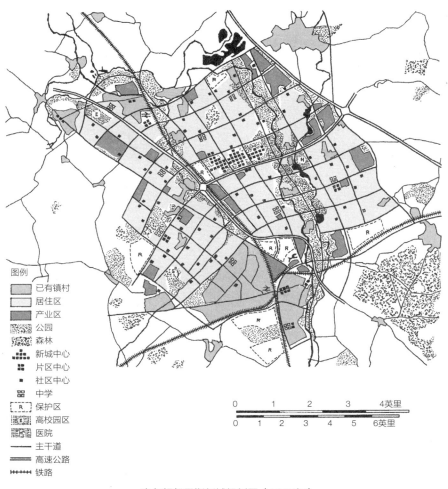

图例

- 已有镇村
- 居住区
- 产业区
- 公园
- 森林
- 新城中心
- 片区中心
- 社区中心
- 中学
- 保护区
- 高校园区
- 医院
- 主干道
- 高速公路
- 铁路

米尔顿凯恩斯新城规划图（1967年）

　　"二战"后很多城市从废墟中重新站起来，城市经济的高增长和高就业带来了"富足社会"，也给现代主义规划创造了一个"黄金时代"。在一个高速增长的时代，人民普遍支持政府在社会管理方面的地位，城市规划这一改善城市空间的治理手段也得到普遍认可。在"黄金时代"大规模建设的需求下，"二战"后20年涌现出大量的物质空间规划。这一时期的现代城市规划理论经过发展，最终成型为综合城市规划模式。综合规划模式诞生于19世纪末、20世纪初，盛行于20世纪前60年，分别在大萧条时期和"二战"后的一二十年内迎来了两个鼎盛时期。综合城市规划的出发点是将城市看作一个系统，拓展了原有城市美化运动和现代功能主义的边界。作为系统的城市，是由不同类型的土地使用功能空间所构成，这些空间功能通过交通和其他通信媒介连接起来，形成用地和交通系统。作为一个系统的城市，在进行规划的时候，应当采用系统分析和系统控制的方法。

　　综合城市规划经过两次世界大战后至20世纪60年代，已经发展成比较宏大的理论体系和工作方法。规划的方法从静态发展到动态的互动过程；规划的范围从土地利用扩展到经济、社会、管理，甚至政治等领域；规划的深度向微观和宏观两个层次扩展；规划的空间范围也从城市扩展到区域，乃至国家；规划的时间维度也从过去的终极发展蓝图模式发展到动态的、实时监控的规划模式；规划的价值取向从美学价值扩展到功能价值、社会价值以及经济价值；规划的维度从土地利用发展到经济、社会以及管理的维度，并建立了从地方到区域、中央的庞大的规划官僚体系。随着综合规划权力和范围的扩张，规划逐步取代了市场对空间配置的作用。

　　随着规划工作界面的扩大，工作内容也变得越来越复杂，就迫切需要对规划的"理性"过程进行研究。现代城市规划的核心思想是"理性"。规划的"理性"首先表现在决策的程序上，即采用"调查—分析—规划"的方法，先确定目标、定义问题，然后寻找解决问题的多种方案，并对各种方案进行评估，最后得出解决问题的最佳方案。其次，表现在思考问题的方法上，即在解决特定问题时要考虑与其有关的方方面面，也即是采用"综合"的方法。再次，理性隐含了"规划师价值中立"，即规划师利用专业化的科学知识，制定规划方案，规划师不对特定的社会阶层负责，规划师代表的是"公共利益"。

　　随着规划工作的深入推进和成果评价，理性规划的过程逐渐成形为五个主要的阶段：首先，必须存在某个问题或目标，以此引发对一项行动规划的需求。通过分析，明确界定那些问题或目标。其次，考虑是否存在多个可供选择的方案来解决问题，如果有，将其一一列出。第三，对这些方案进行比选，看看哪一项方案最有可能达成规划的目标，实施难度最小。传统规划在第三个阶段就大功告成，而"理性规划"过程还要推进实施，并跟踪规划的效果。"理性规划"是一个处在进行中的或者连续的过程，比传统的蓝图式的规划更注重规划的实施效果。

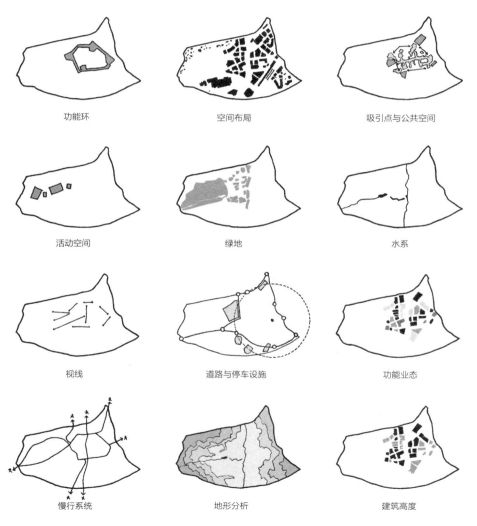

功能环　　　　　　　空间布局　　　　　　吸引点与公共空间

活动空间　　　　　　绿地　　　　　　　　水系

视线　　　　　　　　道路与停车设施　　　功能业态

慢行系统　　　　　　地形分析　　　　　　建筑高度

系统规划方法
（In the Loop in Oslo，Norway by ADEPT/DARK）

传统规划流程

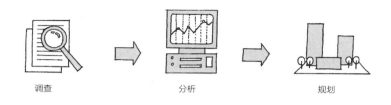

调查　　　　　　　　分析　　　　　　　　规划

理性规划流程

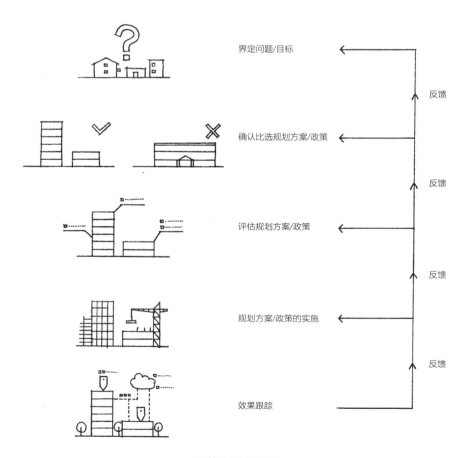

界定问题/目标　　　　　　　反馈

确认比选规划方案/政策　　　　　　　反馈

评估规划方案/政策　　　　　　　反馈

规划方案/政策的实施　　　　　　　反馈

效果跟踪

理性规划过程理论

第四节
城市规划的反思

　　现代主义的城市规划理论和工业化大规模生产的技术，带来了城市翻天覆地的变化，也造成了许多新的城市问题。现代主义思想指导下的城市规划，虽然在短时间内满足了足够的居住空间、干净卫生的环境等基本要求，但过于机械的功能分区和千篇一律的城市面貌，无法延续原有城市生活的丰富性，对人的身心造成了许多不利的影响。巴西利亚在城市生活中的失败告诉我们，现代主义的城市规划并未如愿带来理想中的乌托邦，反而引发了新的危机，从而激起了强烈的质疑。

　　美国作家简·雅各布斯（Jane Jacobs）在1961年首度发表了《美国大城市的死与生》，对现代主义的规划理论提出了质疑。她认为现代主义的城市规划是封闭的，否定了大都市复杂而多样化的文化生活，现代主义的规划师们对工作对象的城市缺乏了解。

　　1965年，克里斯托弗·亚历山大（Christopher Alexander）在其著作《城市并非树形》中，也否定了现代城市规划中孤立片面的城市认知和手段。亚历山大认为综合规划造就的人工城市缺乏自然城市的一些关键因素，如果把城市简单地看作一棵树，它就会切断与生活千丝万缕的联系，以至生活本身会变得支离破碎。这些反对现代主义城市规划的思想，与其后以文丘里为代表的反对现代建筑的思想揭开了后现代主义的新篇章。

　　20世纪60年代世界形势的变幻，也让大众对理想的社会发展模式产生了怀疑。这一时期西方资本主义社会经过战后多年的高速发展，突然进入了经济危机的周期，对未来美好生活的愿景被更多的迷茫所替代。资产阶级的主流意识形态与文化出现了逆转。猛烈批判资本主义、宣扬后现代与后资本主义的浪潮在西方国家掀起了波澜。同时，亚非拉争取民族解放与独立的运动风起云涌，黑人民权运动也开始冲击美国的种族隔离制度。20世纪60年代的社会氛围打破了世界将变得更美好的神话，也颠覆了理性规划得以成立的基础。

　　在后现代主义思潮的影响下，20世纪60年代后，规划学者们在批判传统的、理性的综合城市规划模式的同时，试图建立新的规划模式，形成了诸如渐进主义规划模式、倡导规划模式、战略规划模式、激进—结构规划模式、营销规划模式、生态规划模式等新兴城市规划模式，使得现代城市规划模式呈现出多元化的格局。新兴的规划模式大多抛弃了传统规划模式中的"理性"以及规划师"价值中立"的假设，更加关注规划过程中所涉及的多元化利益主体之间的冲突和协调，以及利益主体与规划有效实施之间的关系。

　　规划理论界对"规划就是政治"的强调逐渐取得共识，并引发了公众参与的热潮。战后，西方工业化社会采取的代议制民主的形式赋予公众人员对规划发表意见的权利。为了顺应这一要求，英国在1969年《城乡规划法案》的修订中，为了适应新时期的特点，制定了与传统的公众参与有所不同的方法、途径和形式。保罗大卫杜夫

简·雅各布斯与"街道眼"

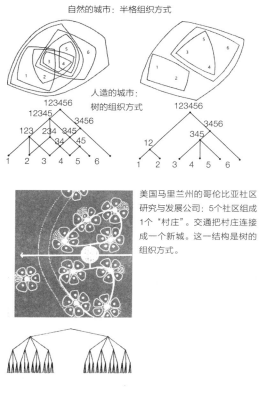

自然的城市：半格组织方式

人造的城市：
树的组织方式

美国马里兰州的哥伦比亚社区
研究与发展公司：5个社区组成
1个"村庄"。交通把村庄连接
成一个新城。这一结构是树的
组织方式。

《城市并非树形》——克里斯托弗·亚历山大（1965年）

（Paul Davidoff）在20世纪60年代提出了"倡导规划"。他认为城市规划应由代表不同利益群体的规划人员共同商讨，决定对策，以求得多元化市场经济体制下社会利益的协调分配。谢里·阿恩斯坦则从实践角度提出了公众参与城市规划程度的阶段模型理论、"市民参与阶梯"理论，为衡量规划过程中公众参与成功与否提供了基准。20世纪90年代，塞杰（Sager）和英尼斯（Innes）提出的"联络性规划"是又一个重要的理论，它侧重研究规划师如何使公众积极参与到城市规划当中的问题。

后现代城市主义时期涌现的众多理论和实践，在城市规划的实施领域进行了很好的探索，虽然流派众多、纷繁复杂，但其共有的特征是将政治手段和社会价值引入规划中，强调规划过程中的多元化，并将规划看成"沟通交往"的过程，应该说在城市规划实践领域开拓出了许多有积极意义的局面。不过需要看到的是，后现代城市主义在城市规划，特别是城市形象方面，过于关注历史文脉的延续和马赛克式的个体自我表现。这两方面的发展将城市规划消解到历史研究和建筑个体设计的领域，基本抛弃了过去城市规划力图解决的城市中环境、生活、安全、交通等方面的问题，阻碍了大型城市政策的推进，也没有创造出新的城市空间。后现代城市主义影响下的城市规划成果大都流于形式，其城市景观相对现代主义时期更缺乏活力。此外，由于后期企业化行为在城市规划实践中占据的地位越来越重要，使得许多城市规划意象表达沦为庸俗的商业符号，除了过度的视觉刺激外没有更好的社会价值体现。文丘里极力推崇学习的拉斯维加斯，就是这一趋势的典型代表。

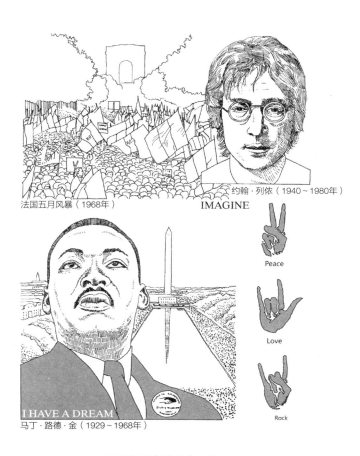

法国五月风暴（1968年）　　约翰·列侬（1940～1980年）

IMAGINE

Peace

Love

Rock

I HAVE A DREAM

马丁·路德·金（1929～1968年）

20世纪60年代社会运动

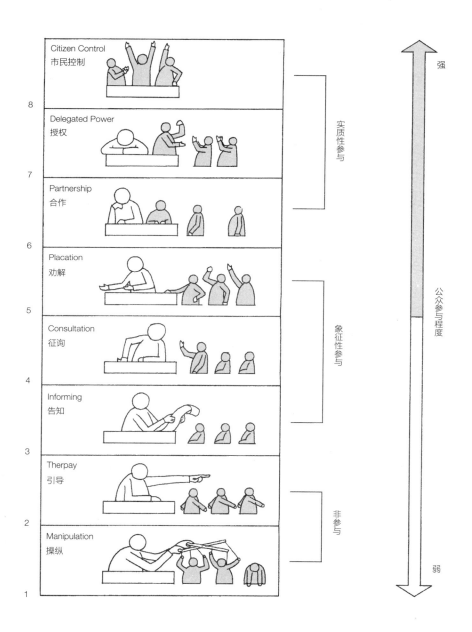

市民参与的阶梯——谢莉·阿恩斯坦/Sherry Arnstein（1969年）

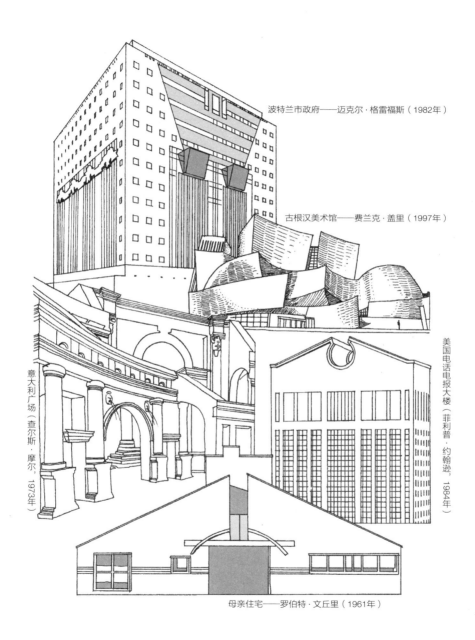

波特兰市政府——迈克尔·格雷福斯（1982年）

古根汉美术馆——费兰克·盖里（1997年）

意大利广场（查尔斯·摩尔，1973年）

美国电话电报大楼（菲利普·约翰逊，1984年）

母亲住宅——罗伯特·文丘里（1961年）

后现代主义建筑（20世纪下半叶）

第五节
面对城市问题的规划

20世纪下半叶，是全球城市化飞速发展的时期，无论有无大规划的统领，城市的规模都在快速膨胀，带来了更多的社会问题和环境问题。现代技术带来的便利性，让人们过度追求自身的方便和舒适，也为城市带来了空前的压力。

首先出现的是交通问题。汽车的普及带来了更加舒适的生活，大量的人开始流出拥挤喧闹的市中心，转向地广人稀的郊区居住。郊区有宽敞的住宅、气派的车库、整洁的花园，但是工作机会还是大量留在了城市中心区，这是欧文和霍华德都没能解决的难题。当郊区居民准备去工作的时候，上百万辆汽车涌上道路，他们的噩梦开始了。根据统计，洛杉矶拥有6500英里的道路总长度，远超其他城市，但因为拥堵，每天额外的通勤时间平均增加了44分钟，早高峰拥堵程度增加了67%，晚高峰拥堵程度增加了84%。为了解决汽车拥堵问题，城市开始不断拓宽道路，好放下更多的车行道。然后又发明出没有交叉口干扰的高速公路。各种道路的增加并没有解决交通拥堵问题，反而刺激了汽车的拥有量，造成了新的拥堵。

过多的车辆堆积在道路上不仅消耗掉人们的时间，也严重影响到人们的健康。当前汽车排出的有害气体已取代了粉尘，成为大气环境的主要污染源。据不完全统计，世界每年由汽车排入大气的一氧化碳达2亿多吨，大致占总有害气体总量的1/3以上，汽车多的美国和日本几乎达到1/2，成为城市大气中数量最大的有害气体。

除了汽车造成的污染，城市周边的工业和供暖等能源需求，也对大气环境造成了很大的影响。1952年12月5～9日，伦敦上空受反气旋影响，大量工厂生产的废气和居民燃煤取暖排出的废气难以扩散，积聚在城市上空。伦敦被浓厚的烟雾笼罩，交通瘫痪，行人小心翼翼地摸索前进。市民不仅生活被打乱，健康也受到严重侵害。许多市民出现胸闷、窒息等不适感，发病率和死亡率急剧增加。据统计，当月因这场大烟雾而死的人多达4000人。此次事件被称为"伦敦烟雾事件"，成为20世纪十大环境公害事件之一。现代城市带来的新问题，在社会公众关注度越来越高的时代，必须快速应对。1956年，英国政府颁布了世界上第一部现代意义上的空气污染防治法——

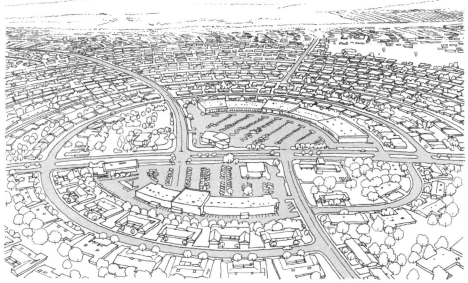

典型的郊区化场景——美国亚利桑那州凤凰城太阳城社区

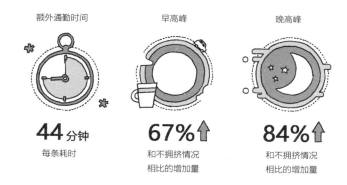

洛杉矶通勤需要多少时间?

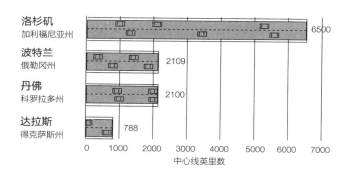

美国大都市道路总长（单位：英里）

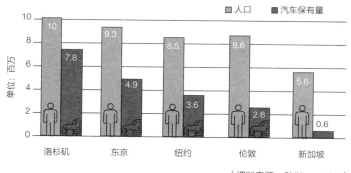

世界主要城市人口与汽车保有量

5天

持续时间

SO₂

污染物
二氧化硫
氟化物
氯化氢
二氧化碳
烟尘

4000人

当月致死人数

Act

1956年颁布
《清洁空气法案》

1952年伦敦烟雾事件

《清洁空气法案》（*Clean Air Act*），大规模改造城市居民的传统炉灶，逐步实现居民生活天然气化，减少煤炭用量，冬季采取集中供暖。1968年又追加了一份《清洁空气法案》，1974年出台《空气污染控制法案》。有了严格的控制措施，伦敦的大雾天数逐渐减少，终于在20世纪80年代丢掉了"雾都"的绰号。

城市问题的逐步解决得益于新的技术，例如公共交通技术的发展、各种低碳环保材料的运用以及新能源技术的发展。工业革命时代兴起的城市，还试图通过城市内产业升级、商业计划和公共政策，不断调整城市的内部构成，力图营造更加可持续发展的城市。20世纪末期，发达国家和地区城市经济的发展和环境的改善，不仅仅依靠自身的努力，在很大程度是得益于20世纪后期的经济全球化浪潮。

经济全球化从根源上说是生产力和国际分工的高度发展，要求进一步跨越民族和国家疆界的产物。通过全球化带来的产业转移，发达国家的城市可以摆脱传统产业带来的污染，以更好的环境吸引高端人才，发展高新技术；而不发达地区则通过资本、技术和贸易体系的涌入，获得城市化的机会，进而实现国家的经济发展、居民生活水平的提高和中产阶级的壮大。经济全球化带来的全球城市化，是史无前例的一轮城市化。今天大概有一半的世界人口（约35亿人）生活在城市地区。而仅仅在200年前，城市地区人口占比还只有3%。

全球化造就了城市，也制造出城市之间的巨大差距。正如理查德·佛罗里达（Richard Florida）在《新城市危机》中指出的，在全球化的时代，少数超级城市（如纽约、伦敦、香港、洛杉矶和巴黎）及高新科技和知识中心地区（如旧金山湾区、华盛顿、波士顿和西雅图）与世界其他城市之间不断扩大着经济差距。赢者通吃的城市化在不同城市之间制造了新的不平等，其他城市大多受到全球化、去工业化的冲击，丧失了稳定的经济基础，和超级城市的差距越发扩大。

全球经济一体化和城市快速发展造就的贫民窟蔓延，成为新时代城市鲜明的特征。在过去的40年，拉丁美洲经历了迅速城市化的进程，2013年，75%的人口住在城市地区，但其中1/3～1/2人口住在贫民窟。贫民窟的水电供应、医疗、商业、教育、治安等公共服务设施远远不及普通居民区。贫穷、落后、愚昧使贫民窟成为犯罪的滋生地和庇护所。在未来，全球化导致的经济周期性和财富分配不均，以及大规模疫情等突发情况，还会使城市贫困化进一步加剧。

20世纪70年代后期，以撒切尔夫人和里根为代表的右翼政治运动在英美等国出现，这一运动赞美市场、批评政府管制，动摇了城镇规划的前提。著名的自由主义学者哈耶克（Friedrich August von Hayek）一直坚持城市的发展应由市场力量来支配，而不是由政府来规划。同一时期，在经济结构调整和经济危机的影响下，公共开支缩减。在英国，中央政府以效率的名义强烈要求地方政府将一些公共服务项目发包给私人部门，而地方政府也力图做一些事情来提振地方经济，由此市场主导在西方城市规划体系中开始占据主导地位。市场主导的企业式方法，就是政府与私人机构和发展商结成"伙伴关系"，以完成单靠政府不能完成的目标。这一种趋势在20世纪70年代以后的城市复兴运动中得到充分体现，大量的城市衰落区域通过公共机构与利益相关体领导的综合开发重新恢复了生机。

市场主导的城市实践引发了许多值得研究的具体问题，这些问题使许多规划理论学者远离了大规划理论研究，转而用更专注的方法去研究城市观点和问题，以缓解城市规划工作面临的困难局面。这些问题包括城市经济的复苏、全球化的挑战、社会公平、环境保护、城市安全等，这些研究进一步拓展了城市规划面向具体问题进行实践探索的领域。

面向城市问题的规划实践，其特点在于通过传统的功能改变、交通改善、环境美化的手法，重点应对经济衰落、失业增加、分配不公、城市竞争力下降等现实问题，以并行的金融政策、就业政策、土地政策来推行。伦敦金丝雀码头的城市复兴运动可以作为这一时期的典型案例。

在巴西南部，库里蒂巴（Curitiba）通过空间规划和交通政策，成为解决城市交通问题的典范。库里蒂巴建立了世界上第一个快速公交（Bus Rapid Transit，BRT）系统，并通过公共交通系统与城市发展结构的完美契合，成为举世闻名的公交都市。

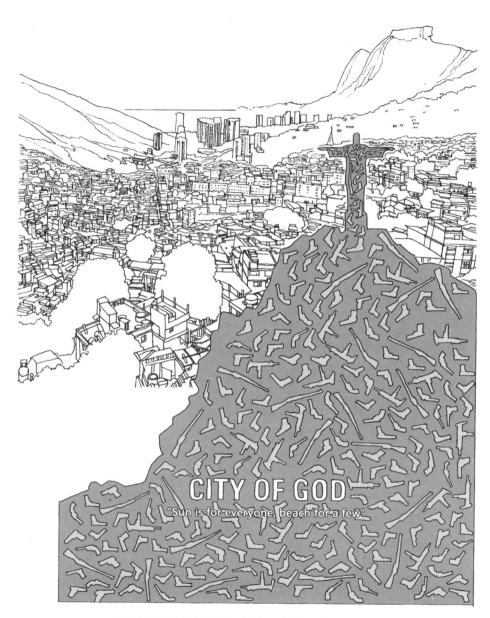

CITY OF GOD
"Sun is for everyone, beach for a few"

巴西里约热内卢贫民窟与《上帝之城》海报（2002年）

1873	1890	1895	1901	1909	1913	1929	1930	1931
公平人寿大楼	纽约世界大楼	密尔沃基市政厅	费城市政厅	都市人寿大厦	伍尔沃斯大厦	华尔街40号	克莱斯勒大厦	帝国大厦
纽约	纽约	密尔沃基	费城	纽约	纽约	纽约	纽约	纽约
43米	94米	108米	156米	213米	241米	283米	319米	381米
8层	20层	15层	9层	50层	57层	71层	77层	102层

1972～1973	1974	1997	2004	2007	2016	2010
世界贸易中心	希尔斯大厦	石油双塔	台北101	环球金融中心	上海中心	哈利法塔
纽约	芝加哥	吉隆坡	台北	上海	上海	迪拜
417米	442米	452米	509米	492米	632米	828米
110层	110层	88层	101层	101层	121层	162层

全球摩天大楼排行榜

费里德里希·奥古斯特·冯·哈耶克
1899~1992年

米尔顿·费里德曼
1912~2006年

美国总统
罗纳德·里根

英国首相
撒切尔夫人

柏林墙倒塌（1989年）

★莫斯科

FALL of USSR

苏联解体（1991年）

20世纪末新自由主义领军人物及其影响

城市衰退问题
- 全球化竞争理论
- 旧城更新理论
- 城市文化理论

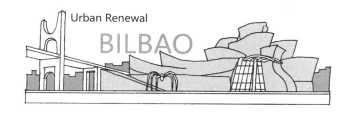

城市不平等问题
- 城市无障碍设计
- 机会平等理论

城市生态问题
- 环境保护理论
- 可持续发展理论
- 低碳城市理论

城市美化问题
- 新城市主义
- 新城市设计理论

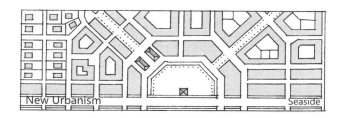

城市运营问题
- 智慧城市

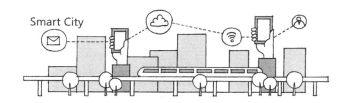

以问题为导向的规划理论

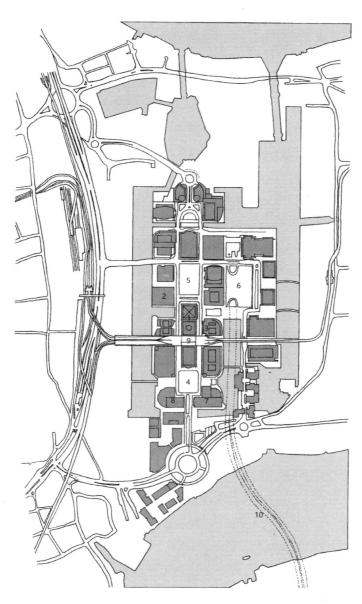

1   加拿大广场一号
2   汇丰银行
3   巴克莱银行
4   Cabot广场
5   亭子公园
6   朱必利广场
7   摩根斯坦利
8   瑞士信贷
9   DLR线地铁站
10   朱必利线

英国金丝雀码头平面图

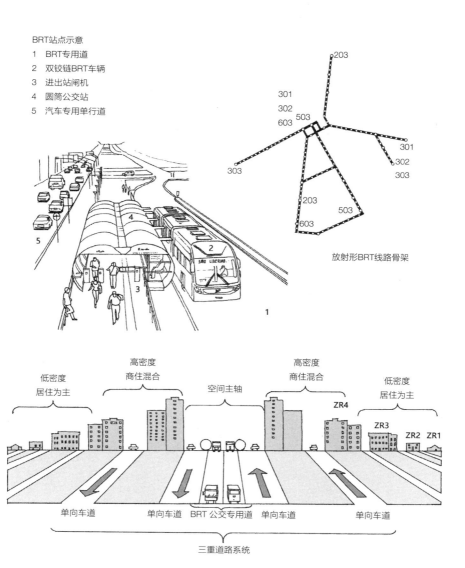

BRT站点示意
1　BRT专用道
2　双铰链BRT车辆
3　进出站闸机
4　圆筒公交站
5　汽车专用单行道

放射形BRT线路骨架

低密度
居住为主　　高密度
商住混合　　空间主轴　　高密度
商住混合　　低密度
居住为主

ZR4
ZR3
ZR2　ZR1

单向车道　　单向车道　　BRT 公交专用道　单向车道　　单向车道

三重道路系统

巴西库里蒂巴整合式公共交通系统

第六节
未来城市

　　未来的城市总是令人无限遐想，科学家和文艺工作者穷尽想象，创造了许多令人印象深刻的未来城市，有科幻大师艾萨克·阿西莫夫（Isaac Asimov）在《基地》中描绘的覆盖整个星球的超级城市，有斯坦利·库布里克（Stanley Kubrick）在《2001太空漫游》中建构的太空环形城市，有乔治·卢卡斯（George Lucas）在《星球大战》中出现的银河共和国首都——科洛桑，有尼尔·布洛姆坎普（Neill Blomkamp）执导的《极乐世界》中的人造空间站Elysium，有迪士尼出品的电影《明日世界》中同名主题园区。这些城市有的咨询了科学家们的意见，有的则纯粹是天马行空地发挥想象力，描绘出一个个充满梦幻的未来城市景象。

　　自工业文明之后，信息技术无疑是这个时代影响力最大的推动力，随之而来的大数据时代已成为当今世界的重要发展趋势，将重新塑造城市的形态。大数据引领的智慧城市，作为未来新型城市的进化战略，一经提出，便迅速在全世界各地流行起来，比较有代表性的就是谷歌与加拿大多伦多市合作的Sidewalk Toronto项目。该项目是要建立一个完整的社区，改善居民、工作者和游客的生活质量。为居民、公司和当地组织创建一个目的地，以推进城市面临的挑战的解决方案，例如能源使用、住房负担和交通运输。Sidewalk Toronto项目为未来城市的发展提供了一个全方位的尝试路径，虽然目前因为大数据隐私收集和缺乏公众等问题而搁置，但我们仍然可以期待，在不远的未来，数据将成为维护城市运行的基本要素，智慧城市在数据这块沃土上生长繁衍，成为立体的大数据生态系统，让城市更加宜居便利，让居民生活得更加幸福。

　　除了智能城市在管理运作上的创新，城市的物质支撑系统上也将出现很多突破。在生态城市和低碳节能建筑的基础上，为了减少城市对粮食的巨量索取，很多团体开始提出城市立体农场的设想。超级高铁项目则力图缩短城市之间的空间距离。

　　富裕、清洁、生态、便捷、幸福构成了未来城市畅想的主旋律，新时代的理想主义者同样认为技术革新可以解决当代城市的各种问题。但在另一些人的心目中，未来城市也许并不会这么乐观。2014年，法国经济学家托马斯·皮凯蒂（Thomas Piketty）的巨著《21世纪资本主义》一经问世，便引起了轩然大波。皮凯蒂对过去

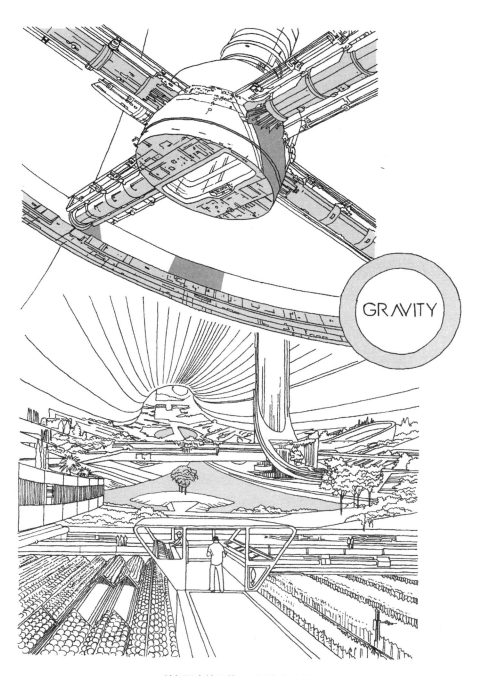

科幻画家笔下的环形重力太空城市

300年来的工资水准做了详尽探究，并列出有关多国的大量收入分配数据，旨在证明近几十年来不平等现象已经扩大，很快会变得更加严重。不平等的社会财富分配机制，培育出反乌托邦形式的未来城市，在这些城市中绝大多数底层人的人生都被大资本寡头掌控的高科技所支配。在这些城市中没有任何可能通过努力就能改变人生的机会，是一个彻底让多数人绝望的阶层固化的社会。

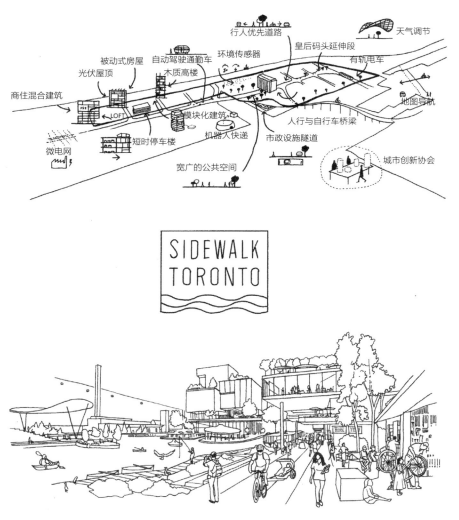

谷歌多伦多水岸智能城市设想（2018年）

　　反映在这一思潮中的未来城市，就是一个只有天堂和地狱区别的社会。天堂就是那些与低阶层人群隔离的繁华社区，他们就像是堡垒，有多重暴力机制保护的人工天堂，里面住着的都是高等人。地狱是被压迫及流放的人艰难求生的区域，这些地方已然浓缩为杂乱无章的住宅区及贫民窟，到处都破败残旧，仿佛就是垃圾场。众多的科幻电影、漫画和游戏都对这样的未来城市作了生动的刻画。

原理　1　电流经过正极轨道。　2　电流经过电枢到达负极轨道。　3　产生的磁力驱动电枢和列车向前。

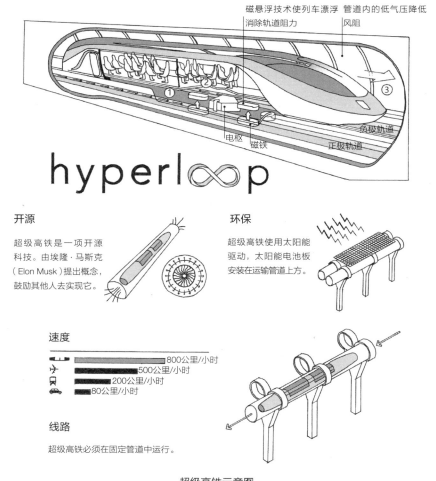

超级高铁示意图

《铳梦》中的撒冷城与钢铁城

第七节

城市的命运

由人类共同体构成的城市，如同生命体一样，也面临着物质上和精神上死亡的命运。

从"熵"的原理来看，时间将所有的人、社会、生物、地球、太阳系以及宇宙引入不可逆的寂灭之路。从"熵"的角度来看待城市的发展，我们也会沮丧地发现，城市越高级、越精密，带来的不是世界整体意义上的进步和秩序，而是会造成城市内外更大范围的混沌和无序。而且城市这一人工的产物，在切断了能量、物质和生命的供给以后，也会迅速走向消亡，成为供人凭吊的废墟。

七千五百年前，美索不达米亚的冲积平原上，就出现了大大小小的城市。良好的灌溉系统提高了农作物的产量，为这些城市创造富庶的生活和灿烂的文化奠定了基础。然而，四千年后，肥沃的土壤被不易排出的灌溉河水长期浸泡，加剧了土壤的盐碱化；同时城市人口的大量增加，也使得没有休耕的农田地力不断下降。土地的盐碱化最终摧毁了古代苏美尔的经济，主要的城市也基本废弃。

两千年前，奥古斯都统治时期的古罗马帝国鼎盛时期有近100万人口，其中大部分人由政府免费提供粮食。为了供养这么多人口，一年要消耗272800吨粮食，每个星期需要500吨左右。大部分谷物来自北非，通过海船运输到台伯河入海口的奥斯蒂亚港，再通过拖船，由纤夫逆流35公里拉到罗马城。城市巨量的需求需要一个庞大的帝国来维系，需要广阔的殖民地、完善的基础设施和维系和平的几十万军人。一旦帝国风雨飘摇，这个吮吸整个帝国的寄生城市就无力维系，城市人口四散逃离。

城市一直是世界经济增长的发动机，但也是一个吞噬资源的巨兽，虽然今天的城市占地面积仅是地球土地面积的2%，但却消耗掉了地球资源的75%。20世纪90年代的环境科学家曾提出"生态足迹"的概念，通过测量一个城市物质和能量的流入流出，来计算支撑这些流动所需的生产性土地和水域的总面积。当今一个典型北美人的"生态足迹"是4.7公顷，如果全球60亿人都要达到这个标准，需要3个地球的资源才行。城市生存的危机，已经摆在全球城市面前。

从"熵"的角度来认识城市的命运，我们就更能理解生态环保理念的重要性，像

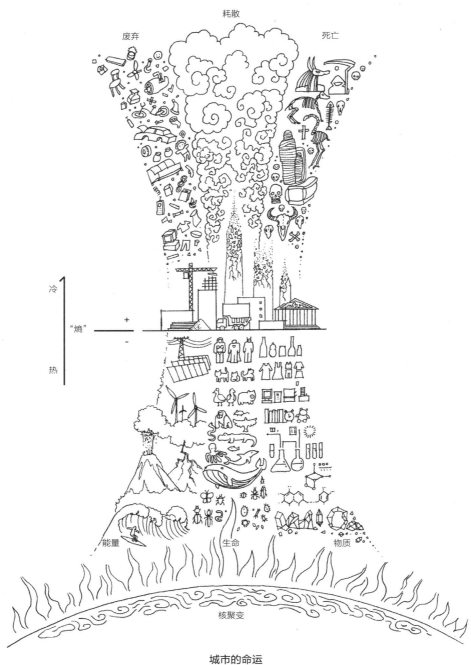

城市的命运

极端环保主义者格里塔·通贝里那样要求的"零排放"显然是不现实的，那样只会导致全球经济的崩溃，我们需要更多地在开源方面想办法。大力发展清洁能源（水能、风能、地热能、海洋能），并大力投入对可控核聚变的研究，将太阳产生"低熵"的方式直接为城市所用，能够带来更为清洁大量的能源。此外，对海洋物产和外太空进行索取，也是未来城市发展的必由之路。

相比物质层面的危机，城市在精神层面的危机也许来得更快。前面描绘未来城市的时候已经提到，"智慧城市"的理念已经深入人心，大数据已经开始深入接管城市的运转，从城市安全监控、城市基础设施运营、城市交通调度以及无人驾驶实验、城市能源控制等；从个体的城市生活角度，大数据也会根据个体的社交偏好、消费喜好，为你推送或者置顶你喜欢的内容。"智慧城市"需要更好地运行，就需要更多的数据，更好地掌控亿万人的喜好，并把这一切变成各种算法。

如果大数据成功征服世界，城市里的人类会发生什么事？一开始，大数据可能会让城市一直追求的健康、幸福和良好运转的理想得以实现。我们正是为了这一些目标才将我们的所有数据上传到大数据平台上，教授人工智能各种算法，让它们深度学习。为了解决城市运转的各种问题，我们需要处理的大量数据远远超出人类大脑的能力，也只能交给算法。然而，一旦权力从人类手中交给算法，人类自身的主导型就可能惨遭淘汰。只要我们放弃了以人为中心的世界观，而秉持以数据为中心的世界观，人类的健康和幸福看来也就不再那么重要了。都已经出现远远更为优秀的数据处理模型了，何必再纠结于人体这么个过时的数据处理机器呢？我们正努力打造出万物互联网，希望能让我们健康、快乐，拥有强大的力量。然而，一旦万物互联网开始运作，人类就有可能从设计者降级成芯片，再降成数据，最后在数据的洪流中溶解分散，如同滚滚洪流中的一块泥土。在人工智能理想而精致的模型中，我们的城市会退化为一个智能算法豢养的"仓鼠笼"，也许更糟。

尽管我们对城市的未来充满忧虑，但也不会消极地等待最终结局，只要人类的创造力没有消亡，终将会找到解决办法。借用约翰·里德（John Reed）在《城市的故事》一书的结尾作为回应："在我们不能去改变自身适应的环境里，我们改变环境来适应自己……石器时代的结束不是因为世界没有了石头，而是因为某人发现了如何制造青铜。"

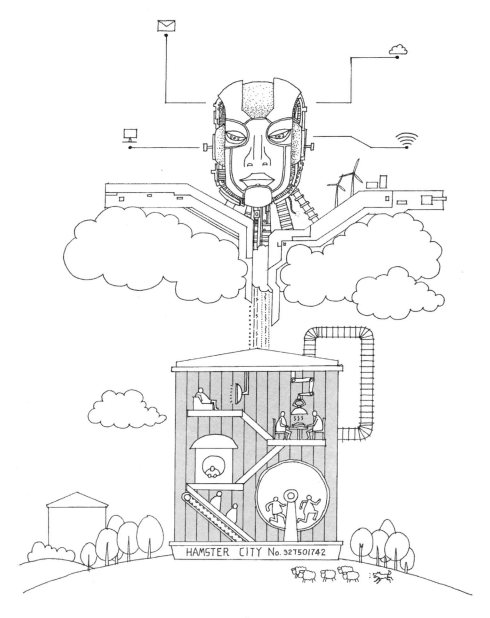

"仓鼠"城市

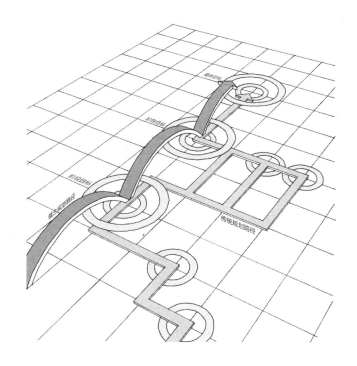

第一节
中国的城镇化与规划历程

一、中国城镇化历程

　　城市是人类文明的标志，是人们经济、政治和社会生活的中心。城镇化的程度是衡量一个国家和地区经济、社会、文化、科技水平的重要标志，也是衡量国家和地区社会组织程度和管理水平的重要标志。

　　中国古代虽然有特大型都城出现，但总体城镇化水平还是相当的低。1949~1980年，中国的城镇化水平都相当缓慢，在1950~1980年的30年中，全世界城市人口的比重由28.4%上升到41.3%，其中发展中国家由16.2%上升到30.5%，但是中国仅由11.2%上升到19.4%。1978年中国改革开放以来，城镇化的进程与改革开放融入世界经济体系基本同步。2001年中国加入世界贸易组织后，更是在全球经济一体化过程中，享受到了巨大的发展红利。产业的发展需要大量劳动力，产业升级又不断提供新的就业岗位。2002~2011年，中国城镇化率以平均每年1.35个百分点的速度发展，城镇人口平均每年增长2096万人。根据国家统计局的资料，至2019年末我国城镇化率为60.60%，城镇人口达到8.48亿人，比1978年的1.72亿人增加了6.76亿人。

　　巨量的人口从农村涌入城镇，势必给城镇带来巨大的变化。上海作为中国的经济中心之一，见证了这一过程。1978~2016年，上海常住人口从1104万人增长到2419万人，28年间增加1315万人。2015年，上海主城区建成区达到1563平方公里，比40年前扩大了数倍。

二、中国城市规划历程

　　1949年至今，我国的城市规划工作已有60余年，经历了从初创到停滞，再到恢复和重建转型的发展历程，城市规划的思想理念和政策体制也经历了快速发展和演变。

1. 初创期（1949~1957 年）

1949年后，我国的经济制度和社会制度发生了巨大变革。1949~1952年是国民经济的恢复时期，建立了社会主义的基本制度；自 1953 年起，我国开始在苏联的援助下实施第一个五年计划。在城市规划方面，由于我国采用的是苏联模式的计划经济体制，与此相适应，提出的城市规划是国民经济计划的继续和具体化的指导思想。工业建设，尤其是重工业建设是"一五"时期国民经济建设的重点。以此为指引，中共中央于 1951 年提出了"在城市建设计划中贯彻为生产、为工人服务的观点""生产性城市"的论述奠定了我国城市建设和发展的基本方针。

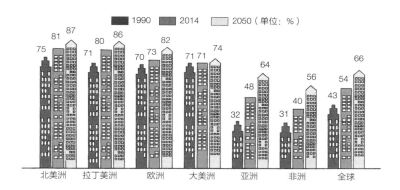

全球有54%的人居住在城市里

中国不同规模城市人口占比
（单位：百万/m）

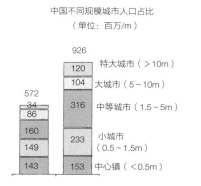

中国2025年城市化趋势预测

221	座，中国百万人口以上城市，欧洲现有35座
50亿	平方米，需要铺设的道路面积
170	条，需要兴建的轨道交通
400亿	平方米，需要建设的建筑面积，相当于500万栋楼
50,000	座，摩天大楼，相当于10个纽约的建设量
5	倍，GDP在2025年前增加的倍数

中国城市人口在未来20年将近10亿
（资料来源：Mckinsey Global institute. Preparing for China's Urban Billion. 2009.3.）

在政策体制方面，与经济社会体制相适应，确立了全新的土地制度、城市制度和住房制度。为了规范我国的城市规划编制工作，1956 年 7 月正式颁发了《城市规划编制暂行办法》，分别对城市规划的任务和要求、规划设计的基础资料、规划设计阶段及内容、规划设计文件的编制以及规划设计文件的协议等作了一般的规定。

2. 停滞期（1958~1977年）

继"一五"计划的良好开局之后，我国自1958年开始迅速掀起了声势浩大的"大跃进"和"人民公社化运动"，城市规划领域也进入了盲目的"大跃进"和人民公社规划时期。1950 年代末，由于自然灾害、苏联毁约和"大跃进"，社会经济生活面临严重危机。在这种形势下，为了适应调整时期需要，在1960年11月全国计划会议的报告中，宣布"三年不搞城市规划"。

1966年开始的"文化大革命"，更是城市规划和城市建设遭到严重破坏的时期。各地规划被终止实施，各地城市规划机构被撤销，队伍被解散，资料被销毁，规划管理废弛。这是中华人民共和国成立后城市规划发展的一次大倒退。

3. 恢复与发展期（1978~1989年）

"文革"结束后，国民经济开始恢复和发展，城市规划也迎来了恢复发展期。1980 年10 月，国家建委在北京召开了全国城市规划工作会议，这次会议是新时期我国城市规划工作发生转折的标志性会议，明确了城市规划在国民经济和社会发展中的职能作用。同年12月，国务院批转了《全国城市规划工作纪要》，明确了这一时期城市规划的主要指导思想："城市规划是一定时期内城市发展蓝图，是建设和管理城市的依据。"此后，我国的城市规划已由恢复普及阶段进入相对稳定的发展阶段，城市规划的编制工作步入了正常的轨道，规划管理法规也逐步配套。

1989年12月，全国人大常委会颁布了《中华人民共和国城市规划法》，这是1949年以来城市建设领域的第一部国家法律，标志着城市规划的法制建设进入了新的历史阶段。《中华人民共和国城市规划法》中规定的"两证一书"制度在此后逐渐确立，使用了统一的建设用地规划许可证和建设工程规划许可证。

4. 重建期（20世纪90年代）

进入20世纪90年代，社会主义市场经济体制建设取得突破性进展，市场机制在资源配置和经济生活中的调节作用越来越大。在此背景下，城市规划的发展也开始逐步适应改革开放的市场化和法制化特点，进入新的重建期。社会主义市场经济制度的建立体现在一系列政策体制的变革上。其中在城市规划建设领域的一个重大转变就是开展了城镇住房制度改革——停止了住房实物分配，住房市场化改革的大幕逐渐拉开。这一时期城市规划的法规体系也逐步完善，1991年9月，建设部正式批准颁布了《城市规划编制办法》，增加了编制总体规划纲要、分区规划等内容，并对规划的成果形式和编制质量作了有关规定。为了规范城镇体系规划的编制，建设部于1994年发布了《城镇体系规划编制审批办法》，对城镇体系规划的任务和内容都作了规定。1999年4月，人事部、建设部发出通知，印发《注册城市规划师执业资格制度暂行规定》和《注册城市规划师执业资格认定办法》，广受规划界关注的注册城市规划师制度进入实施阶段，标志着我国的城市规划行业开始了规范化发展的进程。在改革开放的大势下，城市规划学科也重新开始对外交流，境外设计单位也重返中国市场，为城市规划学科发展带来了新的理论和思路。

5. 转型期（21世纪初）

进入21世纪，中国的工业化、城镇化步入了快速发展时期，国家战略调整的步伐在逐步加快，中国共产党先后提出了科学发展观、构建社会主义和谐社会、全面建设小康社会等重大战略指导思想。在经济社会快速发展和城镇化快速推进的过程中，我国的城市建设工作也积累了一些问题，主要包括城乡差距拉大、城市发展与区域发展不协调、生态环境恶化、社会不公平现象日益凸显等。针对这些问题，在国家中心任务重大战略的指引下，城市规划的指导思想突出落实科学发展观，将统筹城乡发展、统筹区域发展、保护生态环境等作为新时期城市规划的重要指导思想，以充分发挥城乡规划的统筹协调作用，引导城镇化健康发展。

在政策体制方面，随着城乡二元结构问题的日益突出，1989年颁布的《中华人民共和国城市规划法》已难以满足新时期的发展需求。2007年10月，全国人大常委会颁布了《中华人民共和国城乡规划法》。该法最大的变化是对城乡统筹的强调，并确立了我国的城市规划体系，即包括城镇体系规划、城市规划、镇规划到乡规划和村庄规划。此外，城市规划的法律法规体系进一步完善，颁布了《中华人民共和国环境影响评价法》《历史文化名城保护规划规范》等一系列法律法规。这一时期，国家进一步改革了土地制度和住房制度。针对国有土地协议出让存在过程不公开、缺乏市场竞争等问题，2002 年 5 月，国土资源部发布《招标拍卖挂牌出让国有土地使用权的规定》，明确规定包括商业、旅游、娱乐、商品住宅用地的经营性用地必须通过"招拍挂"方式出让。在这一个时期，房地产业对城市发展的影响越来越大，带动了城市空间的飞速拓展，在国民经济中占据了重要位置。房地产业的蓬勃发展塑造了城市新区的面貌，也在很大程度上改变了旧城格局，引发了很多争论和思考。

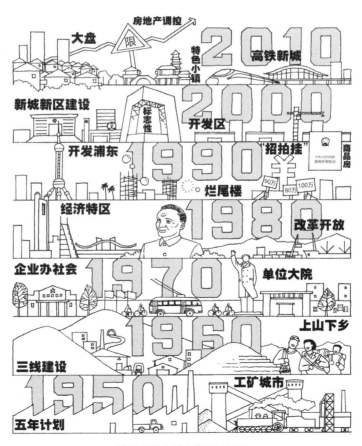

1949年以来城市发展关键词

第二节
城市规划体系

　　任何一个国家或地区都有自己的城市规划体系，这是进行城市改造建设的基础。城市规划体系包括四个方面的内容：规划法规体系、规划行政体系、城市规划技术体系和城市规划运作体系。城市规划体系构成了开展城市改造的制度框架和组织结构。美国、日本、英国、加拿大、澳大利亚、新加坡和中国香港等国家和地区都建立了自己完整的城市规划体系。各国和地区的城市规划体系不尽相同，因为城市规划体系受到了各国和地区资源条件、社会发展状况、经济发展阶段、历史文化传统等的影响。

一、城市规划法规体系

　　城市规划作为指导城市发展的纲领性文件，其实施过程中会与公私财产发生密切的关系，必须要纳入法律法规体系进行制度化运作。1952年9月，国务院提出开展城市规划工作，并设置了相应的城市规划管理机构。1956年，《城市规划编制办法》颁发，使规划工作开始走上法制建设的轨道。1984年1月，国务院颁布了我国城市规划方面的首部行政法规《城市规划条例》，为我国城市规划管理工作提供了法律依据和保障。1989年12月，经第七届全国人民代表大会常务委员会第十一次会议通过，《中华人民共和国城市规划法》（后简称《城市规划法》）正式发布。该法是我国城市规划和建设方面的第一部法律。

　　此后，国务院和建设行政主管部门陆续发布了一系列城市规划方面的部门规章和文件，如《建设项目选址规划管理办法》《城市规划编制办法》《村庄和集镇规划建设管理条例》等。一个以《城市规划法》为核心的城市规划法规体系已经形成。

　　2007年10月28日，《中华人民共和国城乡规划法》（后简称《城乡规划法》）颁布实施。《城乡规划法》与之前的《城市规划法》相比，最主要的区别在于：由"城市规划"到"城乡规划"，一字之差，调整的对象即从城市走向城乡，从而将原来的城、乡二元法律体系转变为城乡统筹的法律体系。

　　我国制定的与城市规划有关的法律法规，从法学定义上分为主干法、从属法和相关法。

　　主干法是指由立法机构制定的法律，其内容是有关规划行政、规划编制和开发控制的纲领性法律，如《城乡规划法》《上海市城市规划条例》。作为主干法核心的《城乡规划法》是全国人民代表大会及其常务委员会通过，并由国家主席签署发布的城乡规划领域的基本法，在我国城乡规划法规体系中拥有最高的法律效力。《城乡规划法》是约束城乡规划行为的准绳，是我国各级城乡规划行政主管部门行政的法律依据，也是城乡规划编制和各项建设必须遵守的行为准则。

　　从属法是指由政府规划主管部门制定，报国家立法机构备案的法规。由于主干法原则性和纲领性相对较强，在具体实施细节上阐述不够，所以需要从属法对主干法的相应条款进行深化明确。城市规划的从属法规与专项法规包含以下几个方面：一是规划主管部门制定的行政法规，如《风景名胜区条例》；二是地方性法规，如《北京城市建设规划管理暂行办法》；第三是部门规章，如《城市规划编制办法》；第四是地方政府规章，如《上海市城市规划管理技术规定》；还有涉及各种城市规划活动的城乡规划技术标准（规范）。

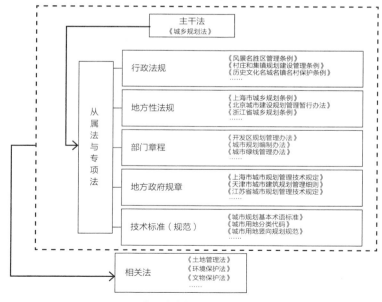

我国城乡规划法律体系

相关法是指不是针对城市规划的、但对城市规划有重要影响的立法。因为城市规划只是城市管理中的一个领域，还有很多专业领域的法律不是特别针对城市规划，但会对其产生深刻的影响。如《环境保护法》《房地产管理法》《文物保护法》等。同时，城市规划作为政府行为，还必须符合国家行政程序法律的有关规定。

城市规划立法不是一个静止的状态，也随着社会经济的发展和面对不同阶段的核心问题而不断修订，以期更加符合城市发展和管理的需求。在国家机构改革的背景下，城乡规划法律体系也将逐渐向国土空间规划法律体系过渡。从自然资源部官方网站上的《自然资源部2019年立法工作计划》可以看到，为推进生态文明建设，建立统筹协调的国土空间保护、开发、利用、修复、治理等法律制度，部属空间规划局正在研究起草《国土空间开发保护法》。同时，自然资源部也在积极配合全国人大有关专门委员会做好《国土空间规划法》等立法工作。

二、城市规划行政体系

城市规划行政作为一种管理活动，包括城市规划管理活动，必须具备一系列的要素，管理主体就是构成管理活动的要素之一。管理主体是管理活动中具有决定性影响的要素，一切管理活动都要通过管理主体发挥作用。

在机构改革之前，各级城乡规划行政主管部门的设置是通过国家、省（自治区、直辖市）、市（县）三级来组成。国家城乡规划行政主管部门是住房和城乡建设部；省（自治区、直辖市）城乡规划行政主管部门是省级住房和城乡建设厅；市（县）城乡规划行政主管部门是规划局（在一些没有设置规划局的县，通过建委、建设局下属的规划部门来发挥行政管理作用）。机构改革后，各级城乡规划行政主管部门改为了自然资源部、省自然资源厅和市（县）的自然资源局（有的地方是自然资源和规划局）。

根据《城乡规划法》和相关法律法规，城乡规划行政主管部门拥有以下职权：

1. 行政决策权，即城乡规划行政主管部门有权对其具有管辖权的管理事项做出决策，如核发"一书两证"。

2. 行政决定权，即城乡规划行政主管部门依法对管理事项的处理权，以及法律、法规、规章中未明确规定事项的规定权。

3. 行政执行权，即城乡规划行政主管部门依据法律、法规和规章的规定，或者上级部门的决定等，在其行政辖区内具体执行的管理事务的权利。

三、城市规划技术体系

城市规划技术体系指各个层面的规划应完成的目标、任务和作用，以及完成这些任务所必需的内容和方法，也包括各层面规划编制的技术规范。规划的技术系统是建立一个国家完整的空间规划系统的基本框架，包括国土规划、区域规划、城市空间战略规划和建设控制规划等多个层面。

城市规划技术体系基本可以分为两个层面：一个是战略性发展规划，如城市总体规划，制定城市发展的中长期战略目标，以及土地利用、交通管理、环境保护和基础设施等方面的发展原则和空间策略，为实施性规划提供指导框架，但不足以成为规划管理的直接依据；另一个是实施性开发控制规划，如控制性详细规划，作为地块开发控制（规划管理）的法定依据，对于开发行为具有法定约束力，又称为法定规划，必须遵循法定的编制内容和编制程序。

关于城市规划技术体系的具体内容，将在本章第三节详细论述。

四、城市规划运作体系

城市规划运作系统是指规划实施操作机制的总和，包括各个层面的规划如何编制、编制的规定前提条件、编制过程各阶段的条件制约规定、公众参与的过程规定、规划终稿的法定审定程序、规划成果实施的移交、规划实施的政策制定程序等。在实际工作中，可以从两条线索来梳理城市规划的运作体系：一条是由城市政府主导的管理体系，一条是由城市经济主体主导的开发体系。

1. 城市规划运作管理体系

城市规划管理的核心在于城市土地使用方式的管控。在我国，城市的土地属于国家所有，但国家并不直接使用土地，任何企事业单位和个人只要依法使用中国国有土地条件的，都可以成为中国国有土地的使用者。国有土地的使用方式分为划拨和出让两种。土地划拨指的是土地使用权划拨或者是土地无偿拨用。土地使用权划拨由县级以上人民政府依法批准，在土地使用者缴纳补偿、安置等费用后，县级以上人民政府将该土地使用权交付其使用，或将土地使用权无偿交付给土地使用者使用。土地出让指的是国家以土地所有者的身份，将土地使用权在一定年限内出让给土地使用者使用，并由土地使用者向国家支付土地使用权出让金。土地划拨房屋类型一般为学校、医院等公共服务建筑或回迁房、经适房项目，土地出让房屋类型多为商品房。

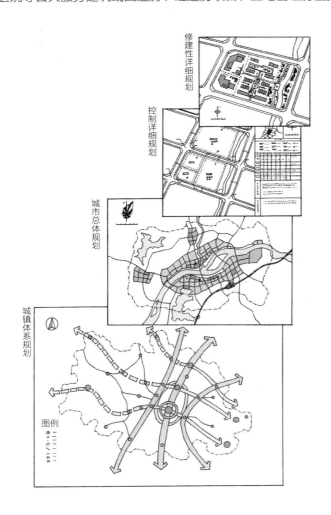

中国城市规划分类体系

　　按照《城乡规划法》的相关规定，我国城市规划的管理主要通过"一书两证"制度来运作实施，即建设项目选址意见书的申请、建设用地规划许可证的申请和建设工程规划许可证的申请。

　　以划拨方式提供土地使用权的，建设单位在报送有关部门批准或者核准前，应向城乡规划主管部门申请核发选址意见书，建设单位以此作为依据之一向有关部门申请批准、审核、备案。之后再向城乡规划主管部门申请核发建设用地规划许可证，城乡规划主管部门根据控制性详细规划核定建设用地的面积、位置、允许建设范围等。

　　以出让方式获得土地使用权的，应该在获得土地使用权后向城乡规划主管部门领取建设用地规划许可证。

　　在城市、镇规划区内进行建筑物、构筑物、道路、管线和其他工程建设的，建设单位应该向城乡规划主管部门申请办理建设工程规划许可证。

　　在乡、村庄规划区进行建设的，由建设单位和个人向乡镇人民政府提出申请，由乡镇人民政府报市（县）人民政府城乡规划主管部门核发乡村建设规划许可证。

2. 城市规划运作开发体系

　　城市开发运作体系一般分为土地一级开发和二级开发，可以通俗地理解为：一级开发是对原始土地进行整理，配套基础设施，将土地变为可以建设房屋的状态；二级开发就是在成熟土地上进行房屋建设。

　　土地一级开发，是指由政府或其授权委托的企业，对一定区域范围内的城市国有土地、乡村集体土地，进行统一的征地、拆迁、安置、补偿，并进行适当的市政配套设施建设，使该区域范围内的土地达到"三通一平""五通一平"或"七通一平"的建设条件，再对土地进行有偿出让或转让的过程。土地一级开发之前的土地叫"生地"，开发之后的土地叫"熟地"。

　　土地二级开发即土地使用者将达到规定可以转让的土地通过流通领域进行交易的过程，包括土地使用权的转让、出租、抵押等。以房地产为例，房地产二级市场是土地使用者经过开发建设，将新建成的房地产进行出售和出租的市场，即一般指商品房首次进入流通领域进行交易而形成的市场。

　　房地产开发占据了土地二级开发的较大份额，也是中国当代城市快速扩张的主要推动力。从开发、建设、经营、管理的程序上讲，房地产开发一般分为五个阶段，即可行性研究和项目决策阶段、建设前期准备阶段、建设阶段、销售阶段和交付使用阶段。在这五个阶段中，也会与规划管理体系发生密切的联系。

在房地产开发可行性研究阶段，经董事会批准初步立项后，会先由房企内部的战略发展研究机构进行可行性研究。可行性研究成果经集团公司董事会通过后批准正式立项，项目进入前期开发阶段。

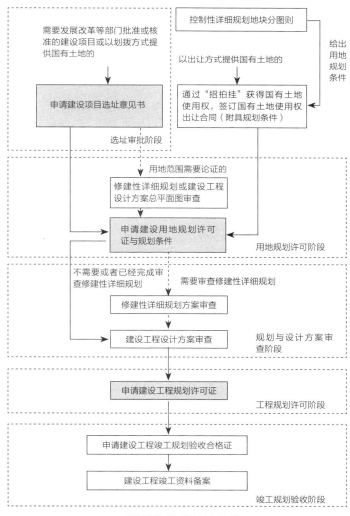

规划实施管理的法定流程

第三节
城市规划类型

一、概念规划

概念规划这一名称给人的印象，就是一个相对比较前段的工作。概念规划的内容主要是对城市发展中具有方向性、战略性的重大问题进行集中专门的研究，从经济、社会、环境的角度提出城市发展的综合目标体系和发展战略，以适应城市迅速发展和决策的要求。

概念规划不是规划层次系列中的某一层次，而是在任何一个层次均可进行的规划工作。由于法定规划，特别是城市总体规划编制的长期性和复杂性，很难满足城市管理者在特定时期的决策需求，因此概念规划以其对关键问题的把握特长，对总体规划编制的内容进行简化，区分轻重缓急，注重长远效益和整体效益，对城市发展中具有方向性、战略性的重大问题进行集中、专题的研究，满足了城市重大决策的需求。正是因为概念规划具有这样的前瞻作用，它经常会作为其他类型规划深入研究的奠定基础。

一些片区和重点项目也愿意进行概念规划，这主要是基于概念规划没有特定的规制，可以跳出城市规划专业的局限性，更多地从经济、社会与环境的角度去看待项目发展的问题，提出更有针对性的解决方案。概念规划的编制要求更灵活和富有弹性，也为城市规划专业和其他学科的深度融合提供了途径。

因为不是法定规划，概念规划的成果也没有统一的要求，一般会采取图文并茂的方式，将委托方关心的核心问题解决好。不同专业的团队主导概念规划会提出不同的工作成果。但概念规划同其他规划一样，不论如何分析研究，最终都是要落实在空间上的，因此概念规划的图纸一般还是以土地利用为核心，并以此为基础进行其他相关分析。成果图纸包括区位分析图、现状分析图、功能分区图、项目布局示意图、标志性景观及风格控制示意图、概念性规划总平面图、道路交通系统规划图、土地利用规划图、重点项目示意图及相关文字和图表说明等。

二、城市总体规划

1. 基本概念

　　城市总体规划是指城市人民政府依据国民经济和社会发展规划，以及当地的自然环境、资源条件、历史情况、现状特点，统筹兼顾、综合部署，为确定城市的规模和发展方向、实现城市的经济和社会发展目标，合理利用城市土地，协调城市空间布局等所作的一定期限内的综合部署和具体安排。城市总体规划是城市规划编制工作的第一阶段，也是城市建设和管理的依据。

　　根据国家对城市发展和建设方针、经济技术政策、国民经济和社会发展的长远规划，在区域规划和合理组织区域城镇体系的基础上，按城市自身建设条件和现状特点，合理制定城市经济和社会发展目标，确定城市的发展性质、规模和建设标准，安排城市用地的功能分区和各项建设的总体布局，布置城市道路和交通运输系统，选定规划定额指标，制定规划实施步骤和措施。最终使城市工作、居住、交通和游憩四大功能活动相互协调发展。总体规划期限一般为20年。近期建设规划一般为5年，建设规划是总体规划的组成部分，是实施总体规划的阶段性规划。

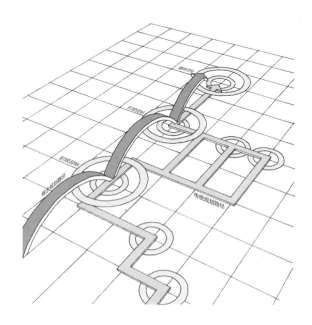

概念规划的"蛙跳战术"

2. 主要内容

城市总体规划的内容对城市发展有着深刻的影响，具体如下。

（1）城市总体规划最重要的工作是确定城市性质和发展方向，估算城市人口发展规模，确定有关城市总体规划的各项技术经济指标。通俗来说就是为城市未来发展定性、定量。定性指引了城市的空间发展和产业发展的方向，而定量则确定了城市发展的规模。

（2）城市总体规划第二项重要工作是确定城市的结构。在城市内部产生的各种功能区域，如商业区、住宅区、工业区等，同时各个功能区之间存在着有机联系，它们共同构成城市的整体。城市地理学的研究者对城市结构提出了多种城市结构模型，如布吉斯（E.W.Burgess）提出的同心圆结构、何以德（Homer Hoyt）提出的扇形结构、哈里士（C.D.Harris）和乌曼（E.L.Unman）主张多中心结构……通过对城市结构的研究，能够为总体规划的用地布局和后续工作搭建好框架。

（3）城市总体规划的第三项重点工作是选定城市用地，确定规划范围，划分城市用地功能分区，综合安排工业、对外交通运输、仓库、生活居住、大专院校、科研单位及绿化等用地。如何确定各类用地比例，如何确定每一类用地所在位置，需要综合考虑多种因素，这也是总体规划工作中耗时最多的工作。

（4）布置城市道路、交通运输系统以及车站、港口、机场等主要交通枢纽的位置。城市道路是一个城市的骨架，因此道路系统的规划往往是和土地利用规划同步进行的。

（5）除了交通枢纽设施外，大型公共建筑也会对城市空间拓展产生很强的带动作用。例如城市的行政中心和文化中心的建设，能够很快带动周边地产开发和人气聚集。因此，大型公共建筑的规划与布点也是城市总体规划的考虑重点。另外，从城市形象的角度来看，大型公共建筑及其周边广场公园的布局，也会塑造具有标志性的城市形象，因此这一工作也得到了城市管理者的特别关注。

（6）城市总体规划还要确定城市主要广场位置、交叉口形式、主次干道断面、主要控制点的坐标及标高。因为很多市政基础设施都是依托城市道路来布线的，因此道路系统的规划将提纲挈领地为后续市政工程规划提供框架。

（7）在道路系统规划基础上，城市总体规划将提出给水、排水、防洪、电力、电信、煤气、供热、公共交通等各项工程管线规划，布局发电厂、给水厂、污水厂、垃圾填埋场等重大市政设施。

（8）出于对城市公共安全的考虑，城市总体规划还要综合协调人防、抗震和环境保护等方面的规划。2020年春的新型冠状病毒疫情的爆发，使得如何科学有效应对灾害成为城市规划关注的话题。城市未来在开展安全规划时，要将包括突发传染病和其他灾后疫病传播在内的公共卫生风险纳入城市灾害风险评价体系，以更科学、更全面的风险评价结论指导城市规划建设和城市治理。

（9）除了对新区建设提供规划安排，总体规划还会对现有旧城区提出改造规划，通过功能置换、人口疏导、配套完善、环境改善等手段，提升旧城区的生活品质。

（10）总体规划还将综合布置郊区居民点、蔬菜、副食品生产基地，郊区绿化和风景区，以及大中城市有关卫星城镇的发展规划。

（11）近期建设规划是在城市总体规划中，对短期内建设目标、发展布局和主要建设项目的实施所作的安排，是实施城市总体规划的重要步骤，是衔接国民经济与社会发展规划的重要环节。近期建设规划以5年为期限，依据批准的城市总体规划，明确近期发展重点、人口规模、空间布局、建设时序，并安排城市重要建设项目，提出生态环境、自然与历史文化环境保护措施等。近期建设规划的成果除了常规的规划图纸和说明书外，还会有近期建

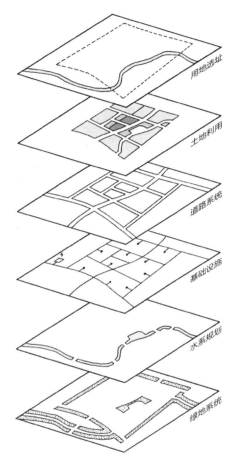

1	确定城市发展方向	8	防灾疏散规划
2	确定规模与布局	9	文物保护规划
3	组织交通系统	10	旧城改造更新
4	布局基础设施	11	城中村改造规划
5	梳理城市水系	12	近期建设规划
6	布局绿地系统	13	实施政策保障
7	生态保护与防止污染		……

城市总体规划工作内容

设项目列表，对城市重大基础设施和重点项目建设作出细致安排。

（12）城市总体规划需要估算城市建设投资，通过近期建设规划安排的项目量来帮助政府进行合理的财政安排。

3. 审批流程

按照我国的有关规定，城市总体规划编制完成后，在上报审批之前，必须提请同级人民代表大会或其常务委员会审议通过。城市总体规划的编制是一个相当复杂和漫长的过程，涉及城市内众多的部门，通常需要经过多次规划主管部门组织的汇报讨论以及分管市领导的汇报，才能走到立法机关审议通过的环节。如果在编制过程中遇到政府领导班子换届调整，或者一些重大项目的引入，还会让城市总体规划回炉重造。因此城市总体规划的编制周期持续3~5年是很正常的事情，甚至还出现有的地方城市总体规划通过立法机关审议后，已经接近规划期限的情况。

三、控制性详细规划

1. 基本概念

控制详细规划是承接城市总体规划的下位法定规划，是规划主管部门在总体规划大方向的指引下，通过指标控制体系，对城市发展进行精细化管理的重要手段。

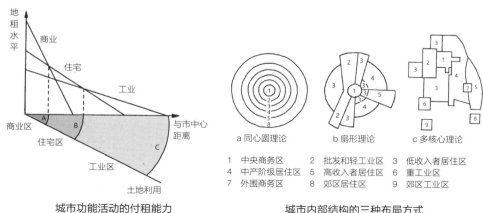

城市功能活动的付租能力

城市内部结构的三种布局方式

a 同心圆理论　　b 扇形理论　　c 多核心理论

1　中央商务区	2　批发和轻工业区	3　低收入者居住区
4　中产阶级居住区	5　高收入者居住区	6　重工业区
7　外围商务区	8　郊区居住区	9　郊区工业区

城市建设用地分类和代码表

类别代码		类别名称	内容	常用代表色
大类	中类			
R 居住用地	R1	一类居住用地	设施齐全、环境良好,以低层住宅为主的用地	浅黄
	R2	二类居住用地	设施较齐全、环境良好,以多、中、高层住宅为主的用地	深黄
	R3	三类居住用地	设施较欠缺、环境较差,以需要加以改造的简陋住宅为主的用地,包括危房、棚户区、临时住宅等用地	棕黄
A 公共管理与公共服务用地	A1	行政办公用地	党政机关、社会团体、事业单位等办公机构及其相关设施用地	紫色
	A2	文化设施用地	图书、展览等公共文化活动设施用地	粉红色
	A3	教育科研用地	高等院校、中等专业学校、中学、小学、科研事业单位及其附属设施用地,包括为学校配建的独立地段的学生生活用地	紫红色
	A4	体育用地	体育场馆和体育训练基地等用地,不包括学校等机构专用的体育设施用地	青绿色
	A5	医疗卫生用地	医疗、保健、卫生、防疫、康复和急救设施等用地	蓝紫色
	A6	社会福利设施用地	为社会提供福利和慈善服务的设施及其附属设施用地,包括福利院、养老院、孤儿院等用地	深紫色
	A7	文物古迹用地	具有保护价值的古遗址、古墓葬、古建筑、石窟寺、近代代表性建筑、革命纪念建筑等用地。不包括已作其他用途的文物古迹用地	浅紫色
	A8	外事用地	外国驻华使馆、领事馆、国际机构及其生活设施等用地	浅紫色
	A9	宗教设施用地	宗教活动场所用地	浅粉色
B 商业服务业设施用地	B1	商业设施用地	商业及餐饮、旅馆等服务业用地	红色
	B2	商务设施用地	金融保险、艺术传媒、技术服务等综合性办公用地	橙红色
	B3	娱乐康体设施用地	娱乐、康体等设施用地	紫红色
	B4	公用设施营业网点用地	零售加油、加气、电信、邮政等公用设施营业网点用地	蓝紫色
	B9	其他服务设施用地	业余学校、民营培训机构、私人诊所、殡葬、宠物医院、汽车维修站等其他服务设施用地	绛红色
M 工业用地	M1	一类工业用地	对居住和公共环境基本无干扰、污染和安全隐患的工业用地	浅褐色
	M2	二类工业用地	对居住和公共环境有一定干扰、污染和安全隐患的工业用地	褐色

续表

类别代码		类别名称	内容	常用代表色
大类	中类			
M 工业用地	M3	三类工业用地	对居住和公共环境有严重干扰、污染和安全隐患的工业用地	深褐色
W 物流仓储用地	W1	一类物流仓储用地	对居住和公共环境基本无干扰、污染和安全隐患的物流仓储用地	浅紫色
	W2	二类物流仓储用地	对居住和公共环境有一定干扰、污染和安全隐患的物流仓储用地	紫色
	W3	三类物流仓储用地	存放易燃、易爆和剧毒等危险品的专用仓库用地	深紫色
S 道路与交通设施用地	S1	城市道路用地	快速路、主干路、次干路和支路等用地，包括其交叉口用地	平行线
	S2	城市轨道交通用地	独立地段的城市轨道交通地面以上部分的线路、站点用地	深灰色
	S3	交通枢纽用地	铁路客货运站、公路长途客货运站、港口客运码头、公交枢纽及其附属设施用地	深灰色
	S4	交通场站用地	交通服务设施用地，不包括交通指挥中心、交通队用地	灰色
	S9	其他交通设施用地	除以上之外的交通设施用地，包括教练场等用地	浅灰色
U 公用设施用地	U1	供应设施用地	供水、供电、供燃气和供热等设施用地	浅蓝色
	U2	环境设施用地	雨水、污水、固体废物处理和环境保护等的公用设施及其附属设施用地	浅蓝灰色
	U3	安全设施用地	消防、防洪等保卫城市安全的公用设施及其附属设施用地	蓝灰色
	U9	其他公用设施用地	除以上之外的公用设施用地，包括施工、养护、维修等设施用地	深灰色
G 绿地与广场用地	G1	公园绿地	向公众开放，以游憩为主要功能，兼具生态、美化、防灾等作用的绿地	绿色
	G2	防护绿地	具有卫生、隔离和安全防护功能的绿地	深绿色
	G3	广场用地	以游憩、纪念、集会和避险等功能为主的城市公共活动场地	网格

　　控制性详细规划主要以对地块的用地使用控制和环境容量控制、建筑建造控制和城市设计引导、市政工程设施和公共服务设施的配套，以及交通活动控制和环境保护规定为主要内容，并针对不同地块、不同建设项目和不同开发过程，应采用指标量

化、条文规定、图则标定等方式对各控制要素进行定性、定量、定位和定界的控制和引导。控制性详细规划是城乡规划主管部门作出规划行政许可、实施规划管理的依据，并指导修建性详细规划的编制。

2. 主要内容

控制性详细规划应当包括下列基本内容。

（1）控制性详细规划首先是要在上位规划的指引下，进一步细化片区的土地利用规划，对每一块用地的土地使用性质及其兼容性等用地功能提出控制要求。

（2）控制性详细规划要确定各个地块的容积率、建筑高度、建筑密度、绿地率等用地指标，这些指标都是强制性内容；对于城市开发商而言，控制性详细规划所确定的用地指标，直接关系到用地开发规模，以及随之而来的开发收益，所以对容积率和建筑高度等指标极为敏感。而对于购房者来说，建筑密度和绿地率决定了小区的品质，是其在挑选楼盘时关注的重点。

（3）控制性详细规划还要提出基础设施、公共服务设施、公共安全设施的用地规模与范围及具体控制要求，地下管线控制要求。

（4）为了保障基础设施、公共服务设施、公共安全设施的落实，控制性详细规划中将提出"四线"控制的强制性内容。

3. 编制和成果

对于近乎一张白纸的城市新区来说，控制性详细规划的编制工作较为简单，半年周期即可完成。对于旧城区来说，由于权属问题复杂，涉及部门众多，前期调研工作就会耗费大量的时间。在规划编制过程中，特别是涉及具体用地性质和指标的时候，因为要平衡多方利益，也会造成规划方案来回修改。正是因为控制性详细规划编制的复杂性，城市规划管理部门一般都将编制工作委托给本地规划院，一方面是因为本地规划院熟悉本市情况，另一方面也能够就近参加频繁的协调会，便于工作的推进。

控制性详细规划编制成果由文本、图表、说明书以及各种必要的技术研究资料构成。控制性详细规划的技术成果在很多内容上和城市总体规划相似，但规划的范围更小，设计的深度也更深。在所有编制成果中，全面展现具体地块控制指标体系的分图图则是控制性详细规划专有的技术文件，也是提出设计条件、指引地块开发的直接依据。按照《深圳市法定图则编制技术规定》的要求，分图图则被划分为7个窗口，最下面的三个窗口分别是法定图则名称、街坊号和图则编号，便于管理和快速查询。左上的大框为详细表达的图纸，上面有规划设计的地块及各种控制数据和符号。右边上的框为街坊位置示意图，表示左边地块在整个控制性详细规划范围内所处的位置。其旁是用地汇总表，将各类用地分门别类进行统计。第二行是控制指标一览表，对各个地块的用地性质、用地面积、容积率、绿地率、配套公共设施、建筑覆盖率、建筑限高（或建筑层数）、建筑退线、禁止开口路段、配建车位、居住人口（或居住户数）、建筑形式、体量、风格要求和其他环境要求给出定量的控制条件。第四行是图例及备注，对左侧图纸上的各类用地色彩和各种图例进行说明。从分图图则上，不论是城市管理部门，还是房地产开发单位乃至普通市民，都可以得到自己想要的信息。

控制性详细规划法定图则

四、修建性详细规划

1. 基本概念

　　修建性详细规划是以城市总体规划、分区规划或控制性详细规划为依据，制订用以指导各项建筑和工程设施的设计和施工的规划设计，是城市详细规划的一种。编制修建性详细规划主要任务是：满足上一层次规划的要求，直接对建设项目作出具体的安排和规划设计，并为下一层次建筑、园林和市政工程设计提供依据。从深度上来看，修建性详细规划更接近于建筑工程总平面图的深度，一般由具备建筑方案能力的设计单位编制，通过真实的建筑方案平面在总图上的合理排布来满足建设的要求。

　　修建性详细规划的地位也在发生着变化。《城乡规划法》第二十一条规定："城市、县人民政府城乡规划主管部门和镇人民政府可以组织编制重要地块的修建性详细规划。修建性详细规划应当符合控制性详细规划。"同时第四十条规定："需要建设单位编制修建性详细规划的建设项目，还应当提交修建性详细规划。"在这一规定指引下，有的城市规划管理部门，将修建性详细规划作为申请办理建设工程规划许可证的先决条件。

　　2012年10月10日，国务院发文《国务院关于第六批取消和调整行政审批项目的决定》国发〔2012〕52号，取消重要地块城市修建性详细规划的审批。很多城市也据此取消了修建性详细规划（总平面规划方案）的审查业务，改为对建筑工程的设计方案进行审查。

2. 主要内容

　　根据《城市规划编制办法》（2005年）修建性详细规划应当包括下列内容。

　　（1）建设条件分析及综合经济技术论证。

　　（2）包含建筑、道路和绿地等的空间布局和景观规划设计，布置总平面图。很多城市都对修建性详细规划的总平面图制定了严格的要求，务必要求在总平面图上将建筑位置标注清楚，看其是否符合控制性详细规划的限制条件。

　　（3）对住宅、医院、学校和托幼等建筑进行日照分析。

　　（4）根据交通影响分析，提出交通组织方案和设计。

　　（5）市政工程管线规划设计和管线综合。

　　（6）竖向规划设计。

　　（7）估算工程量、拆迁量和总造价，分析投资效益。

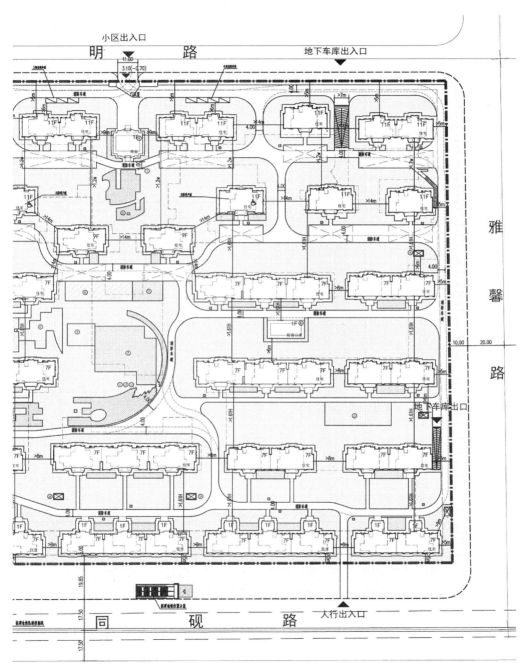

天津某小区修建性详细规划总平面图（局部）

规划用地平衡表

项　目		面积（㎡）	所占比例（%）	人均面积（㎡/人）
规划总用地		122023.10		
一 界内用地		105163.80	100	36.61
其中	住宅用地	≤58178.12	≤55.32	20.25
	公建用地	≥4838.50	≥4.60	1.68
	道路用地	≥40710.78	≥38.71	14.17
	公共绿地	≥1436.40	≥1.37	0.5
二 界外用地		16859.3		

技术经济指标表

技术经济指标表			
项目		单位	数值
规划总用地面积		㎡	122023.10
规划可用地面积		㎡	105163.80
总建筑面积		㎡	≤207230
其中	地上建筑面积	㎡	≤147230
	规划住宅建筑面积	㎡	≤131360
	配套公建建筑面积	㎡	≤15870
	经营性配套公建	㎡	≤12900
	非经营性配套公建	㎡	≥1820
	市政配套公建	㎡	≥1150
	地下建筑面积	㎡	≤60000
建筑高度		m	<40m
居住户数		户	1026
其中	≥90<150㎡	户	892
	≥150㎡	户	134
居住人口		人	2873
户均人口		人/户	2.8
人均居住用地面积		㎡/人	36.61
户均建筑面积		㎡/户	≤127.56
建筑占地面积		㎡	≤31549.14
建筑密度		%	≤30
容积率		-	≤1.4
人均公共绿地		㎡/人	≥0.5
绿地面积		㎡	≥42065.52
绿地率		%	≥40
机动车停车位		辆	1211
其中	地上机动车停车位	辆	14
	普通机动车停车位	辆	0
	出租车停车位	辆	11
	装卸车停车位	辆	3
	地下机动车停车位	辆	1197
	普通机动车停车位	辆	1197
	装卸车停车位	辆	0
非机动车停车位		辆	1730
其中	地上非机动车停车位	辆	1330
	地下非机动车停车位	辆	400

停车位配建指标表

规格		数量	机动车配建指标	机动车配建指标（个）	非机动车配建指标	非机动车配建（辆）	出租车（个）	装卸车（个）
住宅	≥130㎡(大于)	134	1.5车位/户	201	1.0辆/户	134		
	≥90、<130	892		892	1.5辆/户	1338		7
配套公建	经营性	≥12900㎡	0.8车位/100㎡		2.0辆/100㎡		11	24
	非经营性	≥1820㎡	1.2车位/100㎡	104	1.0辆/100㎡	228		
合计				≥1197		≥1750	≥11	≥31

注：根据《天津市居住区配建停车场（库）标准》（DB/T294-2019），机动车停车位不低于1.0辆/户，非机动车不低于1.5辆/户，公建车停车位不低于0.4辆/100㎡，非机动车不低于1.0辆/100㎡，配套公建指标为0.8辆/100㎡。

配套公建设施一览表

非经营性配套公建

编号	项目	数量（处）	建筑面积（㎡）	占地面积（㎡）	备注
①	居委会	1	≥500		行政服务超市内
②	警务室	1	≥20		（100平方米居委会办公用房，150平方米文化活动室，250平方米社区服务用房。）行政服务超市内
③	托老所	1	≥1000		行政服务超市内
④	物业管理用房	1	≥300		行政服务超市内
⑤	居民健身场地	1		≥240	
⑥	公共绿地	1		≥1436.40	人均不小于0.5㎡
其中	组团绿地	1		≥1000	总计不小于1000平米
合计			≥1820	≥1676.4	

经营性配套公建

编号	项目	数量（处）	建筑面积（㎡）	占地面积（㎡）	备注
⑦	商业建筑面积	1	≥12000		建于地上合建设置
⑧	商业服务网点	1	≥900		行政服务超市内
合计			≥12900		

市政配套设施

编号	项目	数量（处）	建筑面积（㎡）	占地面积（㎡）	备注
⑨	公用变电站（黑号）	3	≥600	≥200	2处建于地上合建设置每个200㎡ 1处建于地上独立设置每个200㎡
⑩	10kV变电站（红号）	2	≥400		2处结合地下设置
⑪	换热站	1	≥250		建于地上合建设置
⑫	电信设备间	1	≥50		结合地下设置
⑬	有线电视设备间	1	≥25		结合地下设置
⑭	燃气调压柜	2		≥15	1处地上独立设置 1处地上独立设置
⑮	箱式变电站	4		≥30	4处地上独立设置
⑯	环卫清扫班点	1	≥100		行政服务超市内
⑰	垃圾分类收集点	11		≥66	建于地上，每个占地≥6㎡
⑱	公厕	1	≥50		行政服务超市内
⑲	垃圾房	1	≥150		行政服务超市内
⑳	雕塑	2		≥4	地上独立设置
合计			≥1625	≥315	

社区便民行政超市配建内容明细表

编号	项目	数量	建筑面积	用地面积	备注
①	居委会	1	≥500		行政服务超市内
②	警务室	1	≥20		行政服务超市内
③	托老所	1	≥1000		行政服务超市内
④	物业管理用房	1	≥300		行政服务超市内
⑧	商业服务网点	1	≥900		行政服务超市内
⑯	环卫清扫班点	1	≥100		行政服务超市内
⑱	公厕	1	≥50		行政服务超市内
⑲	垃圾房	1	≥150		行政服务超市内
合计		8	≥3020		行政服务超市内

注：
1. 本图依据甲方提供的坐标地界界址、规划红线、方案设计及甲方提供的相关控制。
2. 中国坐标系采用天津市1986年红线角坐标系。
3. 采用1972年天津大沽高程系，2008年高程。
4. 甲方提供地籍分割红线图，本设计据以。
5. 本图图法尺寸以红色为准尺。
6. 本地区由甲方负责。
7. 根据甲方安装本工程红线室内外地坪高0.30米，±0.00相当于1972年大沽高程系2008年当日标准。
8. 本图给出出入口、场地、绿化经济指标施工。
9. 地块施工应按当前施工，并与区以周相地、路面渗水结合平面工程设计。
10. 用于消防及机动地的透水铺装地及于路面地层承载力的结构要求，应符合相关要求。
11. 室外场地各类铺装应结合景观专业整体优化设计，并依满足消防及地面结构层的分类层次。
12. 通讯设备间与电器间、有线设置以及有线智能管理网络链接，结合配置，在同位置出入口处地面的分界处地。
13. 所有围墙基础及墙群均不突出地红线。
14. 本图给出小区主出入口与地区出入口无小障碍，以与围墙工程列用。
15. 小区车行出入口与道路路缘石与围墙有效距离满足机动车视距要求，目视向可出入口的通道与人口道场地等，经处理处地，材料耐久运保等信息。

图例：

规划用地红线	区内道路	燃气调压柜	自行车停车场	宅前绿地
规划可用地红线	人行主入口	地下车库入口	绿化地	公共绿地
建筑边缘线	地库道路	消防车道	水系	城市绿化
本图住宅建筑线	无障碍住宅	自行车道	地上停车场与高	组团绿地
本图建筑控制线	回车场	小区出入口	室外地坪道平标高	居民健身场地
箱式变电站	垃圾收集点	道路高程	分类收集箱	配套公建属用地

天津某小区修建性详细规划指标与图例

五、城市设计

1. 基本概念

城市设计和概念规划一样，是一种定义非常广泛、适应性非常强的非法定规划工作。根据不同人的理解，城市设计的定义也大不相同。普遍接受的定义是："城市设计是一种关注城市规划布局、城市面貌、城镇功能，并且尤其关注城市公共空间的一门学科"。相对于城市规划的抽象性和数据化，城市设计更具体性和图形化；相对于建筑设计和景观设计，城市设计的范畴更大，也更综合。城市设计通过对物质空间及景观标志的处理，创造一种物质环境，优美的环境能使居民感到愉快，丰富的公共生活还能培育社会资本，并且能够带来整个城市范围内的良性发展。

城市设计可以被看作是一种工作方法，而不是一个固定的规划类型。城市设计的核心在于通过创造性的空间处理手法，来解决城市中的各类问题。与其他规划手段相比，城市设计更聚焦于城市空间的识别和体验：可以在宏观层面探索一个城市空间的形象特征；可以在中观层面研究一个片区如何提供宜居的环境；可以在微观层面琢磨一个TOD地区如何通过有效组织各种功能来提升出行体验。城市设计的工作方法的适用性特别广泛，也容易为公众和其他相关专业人士所接受。

2. 设计内容

在我国2008年施行的《城乡规划法》中，并没有城市设计的位置。2017年4月10日住房和城乡建设部发布《城市设计管理办法》，为提高城市建设水平、塑造城市风貌特色作出了相关政策规定，但距离法定规划还有一定的距离。在城市建设和管理过程中，城市设计要发挥价值，就需要借助法定规划的工具平台来实现。而与总体规划同步编制总体城市设计，及与控制性详细规划同步编制局部城市设计，都是比较有效的捆绑方式。

总体城市设计一般会成为城市总体规划的一个专题，依托城市总体规划所确立的空间布局来展开，其内容应当包括以下几个方面。

（1）制定城市设计的总体目标。

（2）确定城市空间形态结构和景观体系。

（3）划定分区城市设计。结合总体目标，划定分区城市设计中城市重要的景观区、特色风貌区，布局城市主次景观轴线。

（4）保护生态环境和人文景观要素。分析城市山体、湖泊、绿地、广场等环境景观体系和基本特征，构建城市开敞空间系统，这一部分的工作可以通过总体规划的强制性内容落实。

（5）提出城市立体空间形态。确定城市天际线的总体形象与特征，提出城市立体形态设计和对城市高度分区的建议。

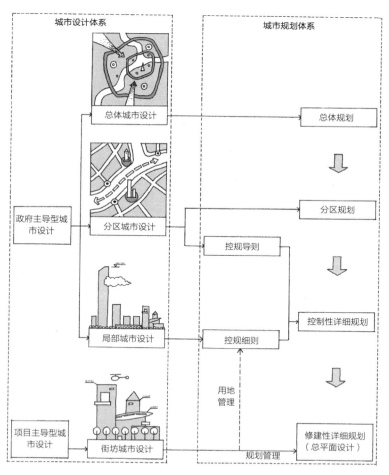

武汉市设计体系图

（资料来源：刘奇志. 武汉城市设计体系的构建与应用. 城市规划学刊，2010（2）.）

（6）确定城市基本色调和色彩分区。

总体城市设计的范围囊括了整个城市，从整体上研究城市空间形态的总体格局，其成果大多是通过结构图、分区图或者要素分布图来体现。

局部城市设计以一个片区为研究对象，面积在几平方公里到几十平方公里之间。局部城市设计将对城市局部地段的空间组合、建筑群体、广场绿地、街道景观、环境小品及人文活动场所等进行详细安排与设计，并且提出具体实施建议。局部城市设计的主要内容有以下几方面。

（1）明确规划区的空间结构。通过对规划区现状进行分析，结合上位规划指引，提出规划区的空间特色，以及达成这一特色所需要构建的空间系统。

（2）提出道路交通组织要求，特别是要关注慢行交通的组织，很多城市都有关于城市绿道和城市滨水绿道的设计指导意见。

（3）创造有标志性的建筑群体关系，对建筑群体的组合形态、整体造型，以及建筑的体量、高度等提出设计要求。

（4）提出有一定深度的公共开敞空间景观设计。对规划区开敞空间的形状大小、休憩空间、活动区域、植物配置、无障碍设计等提出景观设计要求。

（5）提出重要地块设计要求。从保障公共空间品质和延续性的角度出发，对规划区内涉及地块的出入口方位、建筑限高、绿化空间等提出指导意见。

（6）提出规划区建筑设计风格。根据规划区的自然和人文环境特征，提出建筑在色彩、形制、面宽、风格、外部材质、屋顶形式等方面的设计指引。随着城市设计要求的不断提高，有时候会对重点建筑提出方案设计的要求。

（7）进行环境设施配置。对规划区内的铺地、雕塑、灯具、站牌等城市公共环境小品进行布置安排，对小品的形式、色彩、材质、照明等提出设计建议。

局部城市设计通常是对应控制性详细规划进行编制的。对于控制性详细规划来说，城市设计是一个相对具象化的情景模拟平台，可以预先研判业态配置是否合理，确定开发强度、密度和高度等指标体系是否和真实开发状态符合，协商多元主体的不同需求、确保可实施路径等。通过城市设计的预演，能够让控制性详细规划的结论更有说服力。为了两者之间更好衔接，在局部城市设计的成果中，会有城市设计导则这一内容，其表达方式和深度与控制性详细规划的分图图则类似，通过各种符号和示意线，将城市设计需要控制的要素在地块层面表达清楚。

3. 审批流程

很多城市在地方法规中明确了城市设计的审批流程。通过专家评审、社会公示等流程，最后纳入规划统一管理渠道。

城市设计是一种特别适合公众参与的规划形式。城市设计工作重点在于城市空间和建筑形态的表达，其成果形式比较容易为非专业人士所接受，因此城市设计的公众参与度相对其他规划要高。很多城市政府在进行重点地区开发前，会通过国际招标的形式，邀请国内外知名设计机构参与投标，除了专家评审外，也会将投标方案放置在政府网站，或者市民广场上，鼓励市民投票选择自己心目中理想的方案。这一过程能够很好地调动公众热情，让公众知晓政府开发新区的意图，能够更好地推进后续工作。

六、专项规划

1. 交通系统规划

城市交通与城市的关系非常密切，是城市形成和发展的重要条件。很多城市因便利的交通位置而产生，也随着交通条件的改善而壮大，不论是城市的对外交通还是城市内部的交通网络，共同负担着城市巨量的人员和物资流动，确保了一座城市的正常运转。城市交通对城市布局也有重要的影响，从城镇体系来看，城市群落中的交通走廊决定了城市空间布局发展的走廊。从工业革命之前中国很多城市溢出城墙的城关地区，到高铁时代雨后春笋般出现的高铁新城，都展现出交通对城市格局的拉动作用。城市交通的不同类型也会影响城市的形态，发达的小汽车交通体系会造就美国郊区蔓延式的城市形态，轨道交通完善的城市则会确保相对较高强度的开发。

作为城市支撑要素的交通规划，一方面融入法定规划体系中，在城市总体规划和控制详细规划中都有专门的交通篇章，另一方面也有自身的专项规划。道路系统规划作为城市规划行业中相对比较"硬科学"的类型，会根据交通系统的现状与特征，用科学的方法预测交通系统、交通需求的发展趋势，以及交通需求发展对交通系统、交通供给的要求，按照各种专业技术规范提出交通设施的建设规模、站点设置、线路走向及交通系统的管理模式。道路交通规划可以划分成很多类型，研究内容也非常丰富。

（1）城市道路系统规划。城市道路系统是一个使城市紧密联系和有效运转的载体，道路系统的规划首先要结合城市用地功能布局，组织完整的道路系统。道路系统是一个类似血液循环系统一样主次分明的体系，快速路、主干道、次干道、支路各司其职，对应于不同的交通距离、交通量和行驶速度，尽力满足城市内不同的出行需求。在规划中，每一种类型的道路会结合设计要求，按照城市的格局和地形条件，在设计规范的指引下走线。除了道路分级和线性设计外，道路系统规划中还关注不同类型道路的横断面设计。道路横断面会根据道路流量确定车行道的数量，判断两侧是否需要非机动车道，根据两侧建筑功能决定人行道的宽度，看有无必要设置奢华的道路绿化带等。城市道路系统的设计在满足城市交通需求的同时，也为工程管网的铺设搭建了骨架。

（2）静态交通规划。随着小汽车保有量的逐步提高，"停车难"成了一个

小汽车出行为主的交通方式

1个居住单元/公顷

3个居住单元/公顷

公共汽车出行为主的交通方式

10个居住单元/公顷

20个居住单元/公顷

轨道交通出行为主的交通方式

50个居住单元/公顷

75个居住单元/公顷

100个居住单元/公顷

150个居住单元/公顷

交通方式对城市形态的影响

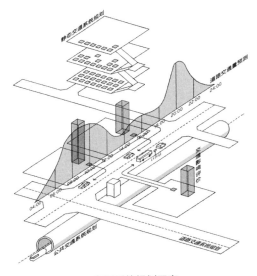

交通系统规划示意

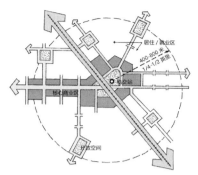

公共交通引导发展（TOD）模式结构

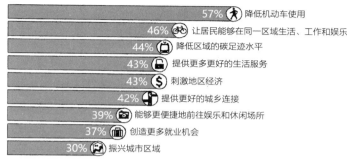

公共交通引导发展（TOD）模式对城市贡献
（资料来源：2016 HNTB Companies.）

越来越严重的城市问题，因此大中城市都会编制静态交通专项规划。静态交通的布置方式有配建停车场、路外公共停车场（专用停车场或停车楼）以及路内停车场三种。为了均衡有效布置停车设施，规划首先需要摸清城市的机动车保有量以及现状停车场容量和分布情况，结合城市规划找出未来城市停车需求的热点地区，对停车设施进行总体安排。针对城市新区，可以通过设置合理的配建停车场指标、城市开发逐步提高车位数。对于拥挤的老城区，可以一方面挖潜，利用闲置用地、立体停车库等，布置少量公共停车场；另一方面可以利用车流量不太大的城市道路，设置路内停车场。静态交通规划除见缝插针布置停车设施外，还需要在规划层面，通过对老城区人口疏导、大力发展公共交通、集中资源解决热点地区停车问题等手段来应对严峻的"停车难"问题。

（3）对外交通设施规划。城市对外交通设施有铁路、公路、港口、机场等。这些设施的站点及其线路的布局会对城市格局造成深远影响。这些设施一方面拉近了城市与外部地区的距离，为城市带来可观的人流和物流；另一方面这些设施占地较大，有较宽的安全防护距离，其线路会对城市内部交通造成严重切割。因此对外交通规划中如何使对外交通设施既能高效运转，又能尽量减少对城市的干扰，方便城市是城市规划中一项复杂的工作。

（4）公共交通规划。城市公共交通方式包括公共汽车、无轨电车、有轨电车、快速轨道交通以及水上交通。在客运繁忙的大城市，应提倡"公交优先"的运营模式，通过大力发展轨道交通、开辟公交专用道、限制小汽车进入市中心区域等方式来实行。公共交通规划主要依据城市通勤的主要方向拟定公交线路，并根据线路上的客流量选择相应的公共交通方式，并设置站点。规划的公共交通线路网密度在市中心区域应达到3~4km/km²，在城市边缘区域应达到2~2.5km/km²。公共交通的站点服务半径一般在300~500m。在有条件兴建轨道交通的大城市，应提倡公共交通与土地开发相结合的模式。

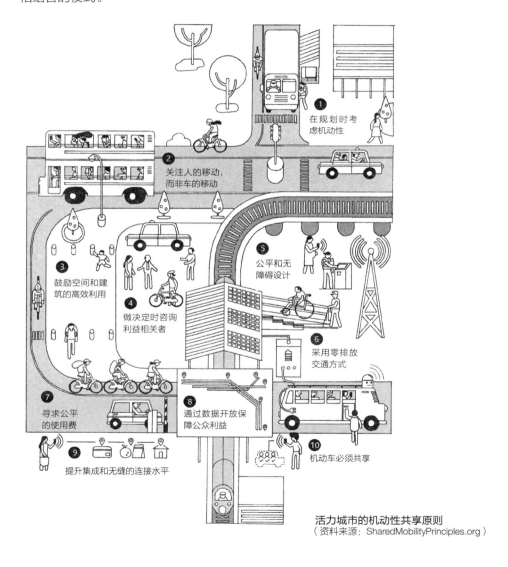

活力城市的机动性共享原则
（资料来源：SharedMobilityPrinciples.org）

2. 居住区规划

居住是城市最重要的功能，在很长一段时期，居住功能和商业、生产功能是混杂的，随着现代城市功能分区概念的出现，城市中居住区的范围被界定得越来越明确。承担居住功能和居住活动的场所称为居住用地。

19世纪末霍华德提出的田园城市，在城市总体布局结构上较早提出了居住用地组织的概念，1927年佩里提出邻里单位，较早从理论上以居住地域作为基本的构成单元。这一以完备基本生活环境和强调社区生活为主旨的居住用地组织方式，在以后得到广泛应用。

居住区的规划分为两个层次：一个是在城市总体规划和控制性详细规划的层次，在城市用地布局中选择合适的位置布置居住用地，并确定其开发规模；另一个层次是在城市修建性详细规划阶段，结合具体的住宅产品，进行居住用地的总平面布局，为区域开发建设提供依据。

在总体规划和控制性详细规划层面进行居住用地选址，需要考虑以下几个方面的内容。

（1）从生活环境舒适度出发，为居住用地选择自然环境优良的地区。

（2）从生活便利角度考虑，居住区选址从城市总体布局结构层面考虑居住与就业区域、商业中心等功能地域的关系，以减少居住—工作、居住—消费的出行距离和时间。

（3）从环境保护和健康角度，居住用地选址要十分注重用地自身及用地周边的环境污染影响，尽可能选择在产业区的上风向，并有适度的空间距离和绿化隔离。

（4）从城市经营的角度来看，居住用地选址要结合房地产市场的需求趋向，考虑建设的可行性与效益。

（5）居住用地应有适宜的规模与用地形状，用以合理地组织居住生活和配套经济有效的公共服务设施等。适宜的用地形状有利于居住区的空间组织和建设工程经济。

在修建性详细规划阶段进行的居住区规划布置主要针对既定地块，在容积率、建筑高度、建筑密度、绿地率以及住宅产品基本明确的情况下，对居住用地内的住宅产品空间分布进行安排。在目前我国房地产发展的高峰时期，修建性详细规划阶段的居住区规划，以及工作内容更进一步的建筑工程总平面图设计，成为很多设计单位主要的工作内容。

　　修建性详细规划阶段的居住区规划，很多时候是通过住宅产品反推总平面图布局，这一阶段的工作成果也是设计单位和房地产开发单位通力合作的结果。设计单位会先根据房地产策划部门提出的户型产品要求、大致的产品配比，按照当地的城市规划管理技术规定对日照、间距、限高等要求，摆出最大化利用土地的方案。这项工作被称为"强排方案"。在"强排方案"的基础上，再根据销售部门的建议，结合经济美观等要求，提出多个优化方案。再通过与开发单位和规划管理部门的沟通，确定最终总平面布局。修建性详细规划阶段的居住区规划依据的是成熟的住宅产品，或者是与住宅方案设计同步进行，因此这一阶段的规划可以成为后续建设的蓝图。

　　受到土地价值和控制性详细规划中开发强度的影响，位于城市不同区位的居住区

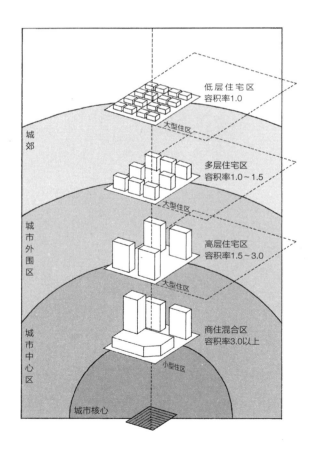

居住区类型与城市中心关系

也会呈现出不同类型。在城市核心区高容积率地区，居住区以高层商住混合方式为主，其住宅产品要么是小户型，要么是大平层，裙房是繁华的商业设施。在城市中心区外围，以高层或小高层住宅为主，户型以120平方米左右标准三房为主。在城市外围区域，随着容积率的降低，各种多层或低层的阳光排屋、联排、叠墅、合院等产品出现。在一个城市之中，居住用地通常占据了最多的比例，一般在30%左右。可以说城市居住区的面貌决定了一个城市的基调。当地产巨头们为了高周转提出"摘牌当天即出图"的口号时，住宅就像工业化的产品一样快速安装在全国各地，不分地域、千城一面无疑成为当前中国不少城市的真实写照。

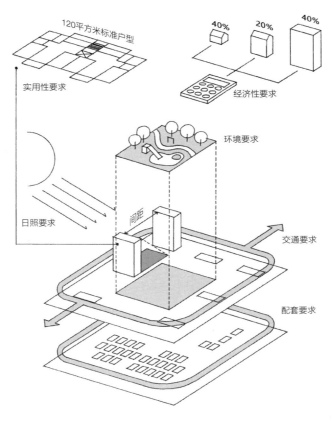

居住区规划原则

3. 产业区规划

　　现代城市的标志是在工业革命后，出现了大规模的产业区域。工业发展提供了大量就业岗位，也带动了其他各项事业的发展，是现代城市化得以实现的基础。根据城市性质的不同，产业用地在城市建设总用地中占据10%~20%的比例。

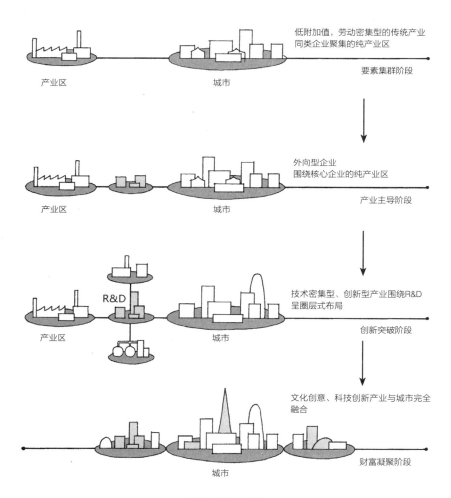

产业区发展阶段

　　产业区在城市区域中的发展，是城市逐步认识产业区并与之更好共生的过程。工业革命之前城市功能混杂，大量的手工业是通过作坊的形式与居住区混合在一起的。工业革命开始后，产业区开始在盛产工业资源的地方集中，如矿区、港口等，当大量农业人口进入城市谋生，产业区也在城市周边肆意生长起来，对城市的卫生造成了巨大威胁。这就是产业区最开始的要素集聚阶段。进入20世纪，随着现代化大生产的出现，产业区的发展进入产业主导阶段。在《雅典宪章》功能分区的指引下，众多的企业按照产业要求专门选址，并围绕核心企业形成纯产业区。20世纪晚期，大量的技术密集型、创新型产业开始集中出现，这些产业因为对环境有着更高的要求，于是脱离了传统的产业片区单独布局，通过快速交通与传统产业区保持密切联系。在21世纪，文化创意产业、科技创新产业成为产业发展的新动力，这些产业的就业群体需要舒适的生活和密切的交流，产业片区又重新回到城市，与城市完全融合。

　　因为不同的产业有不同的工艺要求，需要专业的产业设计单位来规划设计。常规的城市规划产业区规划主要是站在总体规划的层面，去解决产业区选址及与其他功能片区的关系问题。以传统工业为主的产业区选址大致有以下要求。

　　（1）规模要求。工业用地需要有较大规模的用地，应避免产业在城市中的低、小、散分布。规模化便于产业协作和规模化效益，也会相应减少基础设施配套的成本。

　　（2）地形要求。工业用地一般需要平整用地，便于大规模机械化生产线铺开。

　　（3）水文地质要求。工业用地不应选在7级及以上的地震区，土壤耐压强度一般不应小于1.5千克/平方厘米。工业用地应避开洪水淹没地段，一般应高出当地最高洪水水位线0.5米以上。

　　（4）水源与能源要求。许多工业项目都需要消耗大量的水，因此最好靠近河流湖泊等水源地。为了保障工业生产，也必须有可靠的能源供应。

　　（5）交通运输要求。交通运输条件关系到工业企业的生产运行效益，直接影响到吸引投资的成败。工业用地应当靠近铁路、港口、高速公路、机场等大运量交通设施。

　　（6）污染防治要求。工业用地规划要减少有害气体对城市的污染，在城市现有及规划水源的上游不得设置排放有害废水的工业，亦不得在排放有害废水的工业下游开辟新的水源。工业产生的废渣也应进行专门安排。

　　（7）与居住区的关系。工业用地一般选择在居住区的下风向，工业区与居住区之间按要求隔开一定距离，称为卫生防护带。一般工业区与居住区的距离以步行不超过30分钟为宜。并且宜安排大容量城市公共交通设施解决工业区通勤需求，减少地面车行高峰交通量。

　　和传统的工业产业园区相比，科技研发和文化创意类园区有着不同的选址要求。对于大型的科技研发园区来说，为避免外界干扰，促进企业内部交流，一般会选择在中心城市的近郊、环境优美、交通便利的地区布置。例如，华为选择在东莞松山湖建设了新的基地——占地约1900亩、总投资100亿的新园区，是华为目前在全球最大的园区。基地内除了华为终端总部，还布局了第二代数据中心、华为大学、研发中心和中试中心等功能载体。为了展现企业的国际性，基地按照松山湖的自然地形构成12个建筑组团，分别模仿了欧洲的12个小镇，形成园区自身的特色。

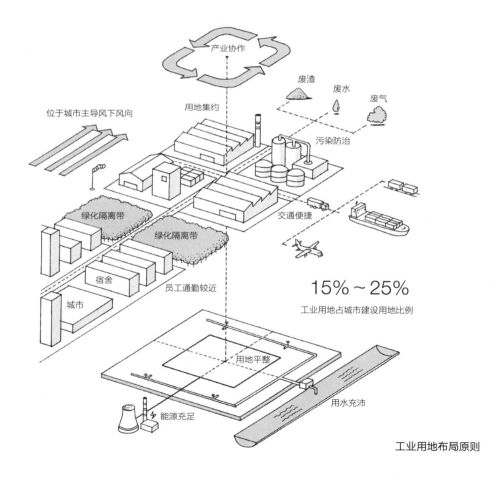

工业用地布局原则

　　文化创意类园区由大量的小型企业构成，入驻企业和员工的流动性相对较大，从业者需要在丰富的城市生活中找寻灵感和市场机会，所以很难远离城市独立布局。由于这些类型的企业产值不高、承租能力弱，城市中逐渐废弃的厂房、老旧的居民区或办公楼受到了他们的青睐。虽然建筑环境不够"高大上"，但得益于城市核心区域内聚集的人才资源优势、文化优势、市场优势、行业资源优势，很多带有专业特征的创意产业园区在城市中犹如雨后春笋般出现。例如在上海有以艺术创作为主的M50创意园、有以动漫产业为主的环上大国际影视园区、有以规划建筑设计为主的环同济创意集聚区等。原本破旧的建筑经过精心的设计与改造，也成为商业化城市环境中一道清新的风景线。

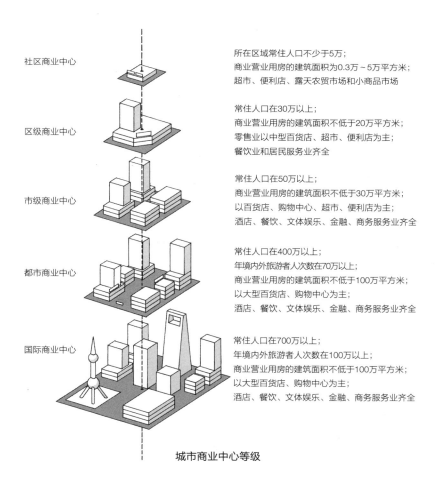

社区商业中心	所在区域常住人口不少于5万； 商业营业用房的建筑面积为0.3万～5万平方米； 超市、便利店、露天农贸市场和小商品市场
区级商业中心	常住人口在30万以上； 商业营业用房的建筑面积不低于20万平方米； 零售业以中型百货店、超市、便利店为主； 餐饮业和居民服务业齐全
市级商业中心	常住人口在50万以上； 商业营业用房的建筑面积不低于30万平方米； 以百货店、购物中心、超市、便利店为主； 酒店、餐饮、文体娱乐、金融、商务服务业齐全
都市商业中心	常住人口在400万以上； 年境内外旅游者人次数在70万以上； 商业营业用房的建筑面积不低于100万平方米； 以大型百货店、购物中心为主； 酒店、餐饮、文体娱乐、金融、商务服务业齐全
国际商业中心	常住人口在700万以上； 年境内外旅游者人次数在100万以上； 商业营业用房的建筑面积不低于100万平方米； 以大型百货店、购物中心为主； 酒店、餐饮、文体娱乐、金融、商务服务业齐全

城市商业中心等级

4. 公共设施规划

城市公共服务设施是为城市提供各类公共服务、满足城市生产生活需求的设施。公共服务设施的内容与规模在一定程度上反映出城市的性质、城市的物质生活与文化生活水平和城市的文明程度。公共设施用地按使用性质可分为：行政办公类，商业金融业类，文化娱乐类，体育类，医疗卫生类，大专院校、科研设计类，文物古迹类，其他类；按公共设施的服务范围可分为：市级、居住区级、小区级。

在规模较大的城市，因公共设施的性能、服务地域和对象不同，往往有全市级、地区级、居住区级和居住小区级等相应不同种类与规模的设施集聚设置，形成城市公共中心的等级系列。同时，由于城市功能的多样性，还有一些专业设施配套形成的专业性公共中心。

城市公共中心是居民进行政治、经济、文化等社会生活活动比较集中的地方。这里集聚了多种主要公共设施，为了发挥城市中心的职能和城市公共活动的需要，在中心往往还配置有广场、绿地以及交通设施等，形成一个公共设施相对集中且组合有序的地区或地段。城市公共中心的规划设计和建设主要由政府来主导，从总体规划的中心选址落位，到城市设计对于公共中心形态的要求，到控制性详细规划提出的中心指标控制体系，再到政府财政投入对公共空间和公益场所的建设，城市公共中心是历届政府着力打造的重点，也体现在规划的各个阶段中。

对于居住区级和居住小区级的公共服务设施，主要通过政府制定相应的设置规范，引导市场行为来完善。例如，上海市2006年颁布了《上海市城市居住地区和居住区公共服务设施设置标准》，从人们日常生活的角度，指引公共设施的均衡布局，满足居民日益提高的物质和精神生活的需要。上海在迈向卓越的全球城市的目标下，将打造15分钟社区生活圈作为提升城市竞争力的重要举措之一。2016年上海市规划和自然资源局发布了《上海市15分钟社区生活圈规划导则（试行）》（以下简称《导则》），更加精细化地推进公共服务设施的建设。《导则》由标准导引和行动指引两部分构成。标准方面，重点围绕新时期的"生活方式"，从全面营造开放、共享的社区的角度，提出住宅、就业、出行、服务和休闲等各方面的规划对策。《导则》提出建设"保基础"和"提品质"两套设施体系，在兼顾公平性的基础上提供差异化选择，补充市场力量参与建设。在公共设施选址布局上，《导则》也强调弱势群体和公益活动的服务半径优先原则。

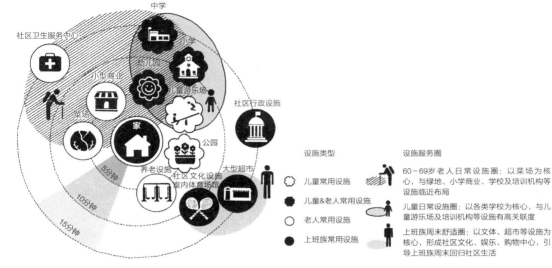

设施类型
○ 儿童常用设施
● 儿童&老人常用设施
○ 老人常用设施
● 上班族常用设施

设施服务圈
60~69岁老人日常设施圈：以菜场为核心，与绿地、小学商业、学校及培训机构等设施临近布局

儿童日常设施圈：以各类学校为核心，与儿童游乐场及培训机构等设施有高关联度

上班族周末舒适圈：以文体、超市等设施为核心，形成社区文化、娱乐、购物中心，引导上班族周末回归社区生活

上海15分钟生活圈

5. 城市文化遗产保护规划

　　改革开放以来，中国的城市建设进入了一个史无前例的高速发展时期，一方面，新兴城市的数量不断增加。另一方面，原有城市的规模不断扩大，城市现代化程度不断提高，与之相对照的是旧城老化情况严重，有的旧城已难以承担城市或区域中心的重任。这些旧城当前面临的一个重要问题就是城市更新，而在许多旧城中都留有一定数量的城市文化遗产，在旧城更新的同时，如何对这些城市文化遗产进行保护，对于延续城市的历史文化有着重要意义。

　　作为千百年来无数代人财富和创造力的积淀，城市文化遗产保护必须要坚持原真性、完整性和可持续性的原则。原真性原则要求确保文物古迹和历史环境的历史品质及固有特征不会被改变，不能把盲目地重建、仿造古建筑和仿古街当作一种保护方式。完整性的原则要求将文化遗产的保护范围扩大到遗产周边环境，以及环境所包含的一系列社会经济文化活动。可持续原则要求将文化遗产的保护看作一项长期的、全社会参与的工作，在法律、资金、教育等方面通盘考虑。

　　我国在法律制度层面有《文物保护法》《历史文化名城名镇名村保护条例》等制度安排，在城市规划层面有针对不同层次的城市文化遗产保护规划。

在宏观层面有历史文化名城保护规划。1982年2月，为了保护那些曾经是古代政治、经济、文化中心或近代革命运动和重大历史事件发生地的重要城市及其文物古迹免受破坏，"历史文化名城"的概念被正式提出。历史文化名城是指保存文物特别丰富，具有重大历史文化价值和革命意义的城市。截至2018年5月2日，国务院已将135座城市列为国家历史文化名城。2005年10月1日，《历史文化名城保护规划规范》正式施行，确定了保护原则、措施、内容和重点。历史文化名城保护的内容包括：制定历史文化名城的保护原则、保护内容和保护重点；确定历史城区的保护范围；划定历史文化街区的保护范围和控制建设地带，提出开发强度和建筑控制要求；确定需要保护的历史建筑；制定分期实施方案。

文物和历史建筑保护

历史风貌地区保护

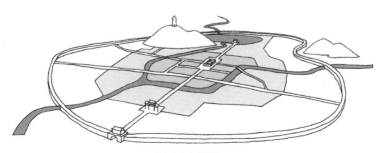

历史文化名城保护

历史文化遗产保护规划

在中观层面有历史文化街区保护规划，针对城市中具有较完整的历史风貌、保留有一定比例真实历史建筑的历史文化街区。历史文化街区的保护内容包括对历史建筑的保护、街巷格局的保护和空间肌理及景观界面的保持。在这几项内容的保护过程中，对于已被破坏的建筑和环境要进行修复，不符合整体风貌的新建筑要拆除或者改建，维持原有的历史风貌的整体性。因为历史文化街区还有大量的原住民，原有的生活环境已落后于现代的居住标准，因此还需要改造基础设施、消除安全隐患，并通过人口疏导和建筑改造提升居住环境。

对于单独的重点历史建筑，也有专门的保护利用规划。历史建筑的保护规划遵循保护与利用相结合的原则，尽可能保持其原有的功能，尽可能通过周边环境的营造，让历史建筑所处的时代氛围延续下来。历史建筑内部可用作小型博物馆等文化设施或旅游设施，将城市的历史记忆与城市文化需求很好地结合起来。

6. 绿地系统规划

城市作为一个复杂的人造物，并不能完全割舍与自然环境的关系，城市人的游憩活动需要自然环境，城市人的身心健康也需要绿色空间。城市绿地是用以栽种树木花草和布置配套设施的，基本上由绿色植物所覆盖，并赋以一定的功能与用途的场地。随着城市生活水平的不断提高，城市绿地系统也越发得到关注，绿地在城市中的布局由集中到分散，由分散到联系，由联系到融合，呈现出逐步走向网络连接、城郊融合的发展趋势。城市绿地系统有着丰富的层次，具体通过城市周边大规模森林、城市郊野公园、城市滨水绿带、城市公园以及小型街头绿地等形式呈现，不同类型的绿地有着不同的规模和设计要求，满足城市居民日常、周末、假期等的休闲健身需求。

城市绿地系统规划的任务，是指通过规划手段对城市绿地及其物种在类型、规模、空间、时间等方面进行系统化配置及相关安排，主要有以下两种形式。

第一种属于法定规划的组成部分，是城市总体规划阶段的多个专业规划之一，也是控制性详细规划中管控的重要部分。在总体规划层次，其任务是调查与评价城市发展的自然条件，参与研究城市的发展规模和布局结构，研究、协调城市绿地与其他各项建设用地的关系，确定和部署城市绿地，处理远期发展与近期建设的关系，指导城市绿化的合理发展。在控制性详细规划层面，其任务是明确刚性的城市公共绿地控制范围，并对绿地的深化设计提出指导意见。由于当前市民普遍关注城市生态环境和公共活动空间，因此绿地系统规划会作为强制性内容出现在规划管理中。

第二种属于单独编制的专业规划，如《城市绿地系统规划》《城市绿地系统详细规划》等。绿地系统专项规划的特征是涉及区域规划等、总体规划等、详细规划等多个规划层次，其主要任务是以区域规划、城市总体规划为依据，调查和确定城市绿化的各项发展指标，详细部署各类城市绿地的发展，确定城市绿化树种、容量、特点、功能、设施等城市绿化发展的具体内容，部署大环境绿化，对近期重点项目进行规划或深入直接的安排。

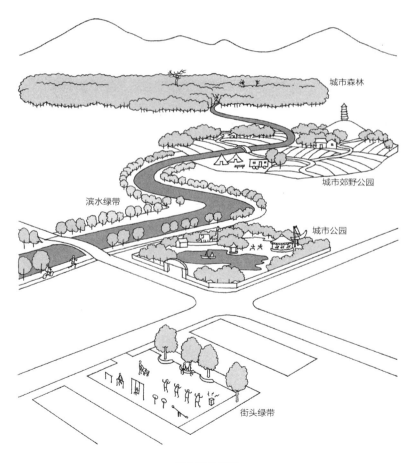

城市绿地类型

7. 生态保护规划

城市生态系统是城市居民与其环境相互作用形成的统一整体，也是人类对自然环境的适应、加工、改造而建设起来的特殊的人工生态系统。

在城市生态系统中，人起着重要的支配作用，这一点与自然生态系统明显不同。在自然生态系统中，能量的最终来源是太阳能，在物质方面则可以通过生物地球化学循环而达到自给自足。城市生态系统就不同了，它所需要的大部分能量和物质都需要从其他生态系统（如农田生态系统、森林生态系统、草原生态系统、湖泊生态系统、海洋生态系统）人为地输入。

同时，城市中人们在生产活动和日常生活中产生的大量废物，由于不能完全在本系统内分解和再利用，必须输送到其他生态系统中。由此可见，城市生态系统对其他生态系统具有很大的依赖性，因而也是非常脆弱的生态系统。由于城市生态系统需要从其他生态系统中输入大量的物质和能量，同时又将大量废物排放到其他生态系统中去，它就必然会对其他生态系统造成强大的冲击和干扰。

如果人们在城市的建设和发展过程中，不能按照生态学规律办事，就很可能会破坏其他生态系统的平衡，并且最终会影响到城市自身的生存和发展。

为处理好城市生态系统与其他生态系统的关系，城市生态规划将运用生态系统及景观生态学理论与方法，对规划区域系统的组成、结构、功能与过程进行分析评价，认识和了解规划区域发展的生态潜力和限制因素。

生态保护规划首先要进行生态适宜性分析，根据区域自然资源与环境性能，按照发展的需求与资源利用要求，划分资源与环境的适宜性等级。随着地理信息系统技术的发展，生态适宜性分析方法得到进一步发展和完善。

在生态适宜性的基础上，生态保护规划会进行生态功能区划与土地利用布局。根据区域复合生态系统结构及其功能，对于涉及范围较大而又存在明显空间异质性的区域，要进行生态功能分区，将区域划分为不同的功能单元，研究其结构、特点、环境承载力等问题，为各区提供管理对策。

在前述分析评价的基础上，生态保护规划会根据具体的分区布局方案，制定城镇建设与发展及资源利用的规划方案。生态保护规划会提出相应的公共政策，确保规划方案的实施，此外还应建立定期评价机制，评价规划执行的结果，然后作出必要的调整。

　　除了以上的几种规划类型外，还有很多正式或非正式的专项规划不断被创新出来。正是因为规划工作的前瞻性、系统性和计划性，使得其他城市管理部门和行业领导者也制定出符合自身工作需求的规划。这一系列规划既是传统规划有益的补充，也推动了传统规划在具体工作中的落实。

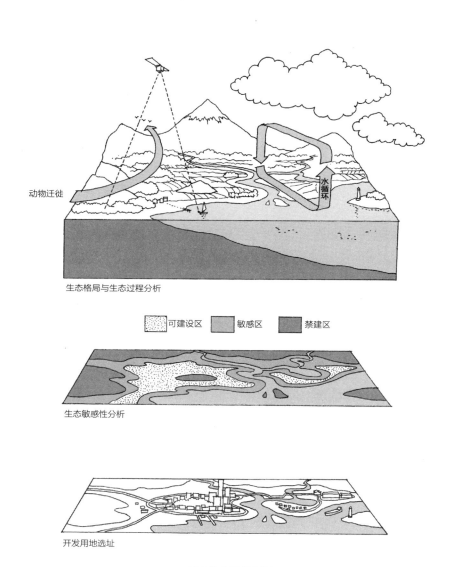

生态格局与生态过程分析

动物迁徙

水循环

可建设区　　敏感区　　禁建区

生态敏感性分析

开发用地选址

城市生态系统规划

七、规划未来展望

1. 多规合一

在我国的空间资源管理上，过去一直存在着各部门编制各自的规划、互不往来的局面。由于各部门规划目标和思路、分类标准、分区划定方法、规划期限等差异，导致"多规"在规模、空间布局等方面的矛盾突出。为提升空间治理能力、优化国土空间格局，各地开展了"多规合一"和空间规划体系改革的相关探索。

所谓"多规合一"，是将国民经济和社会发展规划、城乡规划、土地利用规划、生态环境保护规划等多个规划融合到一个区域上，实现一个市县一本规划、一张蓝图，解决现有各类规划自成体系、内容冲突、缺乏衔接等问题。

2014年3月，厦门市开展"多规合一"工作，谋划完成"一张蓝图"，依托"一个平台"运行"一张表"，初步形成"一套运行机制"。

"一张蓝图"是指以美丽厦门战略规划为引领，形成全市空间布局的"一张蓝图"。蓝图首先划定人与自然的关系，划分出生态控制区和建设区，明确建设与保护空间，形成统一管控边界，解决"多规"空间规划冲突的矛盾。然后详细安排生态控制区构成，明确生态控制区内各类控制线范围，重叠区域从严管控。再制定建设区内承载力与宜居度，同时确定重大交通设施和市政基础设施布局。

"一个平台"是指在"一张图"的基础上，搭建部门业务协同平台，实现与规划、市区发改、国土、环保、海洋、林业、水利、交通、教育、卫生、农业等部门业务管理信息系统的联通，一方面实现信息资源的共享，另一方面依托该业务协同平台，开展项目生成和审批的业务协同作业，通过流程再造提高行政审批效率。

"一张表"是指深化审批制度改革，推行"一表式"受理审批。厦门依托业务协同平台，实现窗口统一收件，各审批部门网上并联协同审批，审批信息实时共享，实现了审批时限的大幅压缩，即从项目立项申请到用地规划许可证阶段累计从53个工作日压缩到10个工作日。

"一套运行机制"是指将"多规合一"划定的生态红线、城市开发边界等控制线纳入地方立法，形成条例；并以政府规章形式明确"多规合一"控制线管理主体、管控规则、修改条件和程序，规范和强化规划的严肃性和权威性。在规划编制审批办法上也进行了相应的创新。

厦门市的"多规合一"试点，为提高城市规划管理水平和规划工作的实效性进行了有益的探索。厦门的"多规合一"目前已成为住房和城乡建设部等部门向全国重点推广介绍的创新城市治理的经验模式。

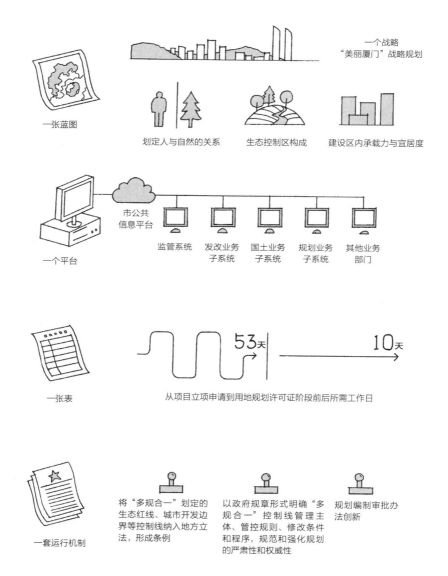

一张蓝图

一个战略
"美丽厦门"战略规划

划定人与自然的关系　　生态控制区构成　　建设区内承载力与宜居度

一个平台

市公共信息平台

监管系统　发改业务子系统　国土业务子系统　规划业务子系统　其他业务部门

一张表

53天　　10天

从项目立项申请到用地规划许可证阶段前后所需工作日

一套运行机制

将"多规合一"划定的生态红线、城市开发边界等控制线纳入地方立法，形成条例

以政府规章形式明确"多规合一"控制线管理主体、管控规则、修改条件和程序，规范和强化规划的严肃性和权威性

规划编制审批办法创新

"多规合一"示意图（参考厦门市多规合一工作汇报）

2. 空间规划

2018年3月13日国务院进行机构改革，组建了自然资源部。自然资源部将过去几个部委的规划职能整合到一起，对自然资源开发利用和保护进行监管。自然资源部的成立将从组织体制上对各类规划进行统筹，实现从上至下的"多规合一"。

在规划体系上，国土空间规划将建立五级三类的规划体系：总体规划包含全国、省、市、县、镇（乡）五级；三类是指总体规划、详细规划和专项规划。国土空间总体规划是详细规划的依据、相关专项规划的基础；相关专项规划要相互协同，与详细规划做好衔接。专项规划主要指海岸带、自然保护地等专项规划，或者交通、能源、水利等涉及空间利用的某一领域专项规划。

国土空间规划将建立新的规划技术体系。国土空间规划的"双评价"工作和"三区三线"的划定是国土空间规划中的核心政策工具。"双评价"工作主要目的是要掌握资源环境承载能力和国土空间开发的潜力，进一步核定城市发展的底线极限，是国土空间规划编制的重要基础。其内容包括资源环境承载力评价和国土空间适宜性评价。在"双评价"的基础上划定"三区三线"。"三区三线"是根据城镇空间、农业空间、生态空间三种类型的空间，分别对应划定城镇开发边界、永久基本农田保护红线、生态保护红线三条控制线。

国土空间规划还将打破原有各部门基础数据互不往来的状态，加强空间规划信息平台的建设及应用。国土空间规划将制定空间规划数据资源采集、共享、利用和保密等制度和相关数据标准规范，通过"一张图"的建设，整合规划编制所需的空间关联现状数据和信息，用于支撑国土空间规划编制。其次是建设完善国土空间基础信息平台，基于平台，建设从国家到市县级的国土空间规划"一张图"实施监督信息系统，开展国土空间规划动态监测评估预警。第三是叠加各级各类规划成果，形成以一张底图为基础，可层层叠加打开的国土空间规划"一张图"，为统一国土空间用途管制、实施建设项目规划许可、强化规划实施监督提供支撑。

国土空间规划还需要加强法制建设，保障空间规划权威性。自然资源部正在推动加快制定《空间规划法》，作为统一的空间规划方面的法律，通过立法形式明确空间总体规划的法律地位，并理顺空间总体规划与详细规划、专项规划的关系，指导空间规划的统筹与整合。明确空间总体规划的实施主体、监督管理机制。针对空间规划的动态性明确各类空间规划的实施评估和调整完善机制。

　　随着国家机构改革的完成，自然资源部提出2019年完成省级国土空间规划编制并同步建设国土空间规划监测评估预警管理系统，2020年底基本完成全国省、市、县国土空间规划编制工作，形成完整的国土空间规划体系。虽然国家级国土空间规划具体工作细则尚未出台，但当前多个省、市已经开始启动国土空间规划编制工作，并取得了一定进展。

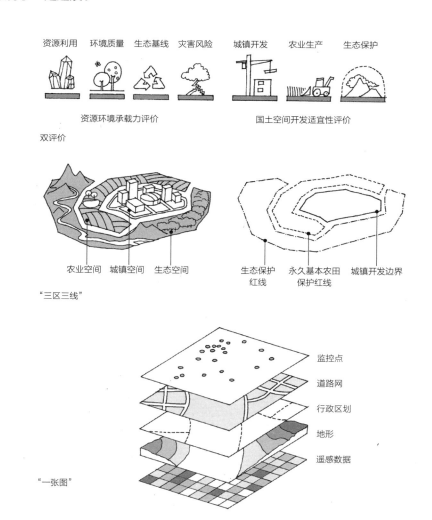

资源利用　环境质量　生态基线　灾害风险　　城镇开发　农业生产　生态保护

资源环境承载力评价　　　　　　国土空间开发适宜性评价

双评价

农业空间　城镇空间　生态空间

生态保护红线　永久基本农田保护红线　城镇开发边界

"三区三线"

监控点
道路网
行政区划
地形
遥感数据

"一张图"

国土空间规划

3. 大数据与人工智能参与规划

随着城镇化和全球经济一体化进程的加快，城市在快速发展的同时，也面临着众多可持续发展方面的问题，现有的城市管理模式已有所局限，必须寻求新的科技和措施，优化资源配置，提升管理水平，提高为市民服务的能力。

原本城市规划在对城市进行调研分析时，需要通过多种途径收集有关的城市数据，由于数据采集能力有限，多采用抽样调查的方法来收集。大数据的出现，彻底地颠覆了原有模式，它可以凭借海量的数据规模、快速的数据流转和多样化的数据类型，为城市有关情况构建一个完整的数据模型，并通过专业化的加工，成为更加科学准确的城市规划决策依据。

在我国移动互联网产业高速发展的时代背景下，涌现出巨量的开放数据。大数据的运用，使得规划师过去所面对的城市混沌状态逐渐变得清晰可见。城市规划师可以从自身的专业需求出发，从各种类型数据中寻求事物间的联系，从而在更宏大的视角上，将更多领域的数据一并纳入城市问题中考虑，将城市放在更完整的数字量化环境中分析。

城市规划中的大数据运用，除了认知城市的真实状态，还可以借助其不分巨细的充实数据量，进行多个城市布局方案的分析预演，促进方案的完善。将城市规划编制完成后、规划实施后的各类数据再次汇总，即可形成反馈评估，通过对比可以很明确地发现与之前预测的差异，再与公众评估相结合，就会使得下一次的预测分析更为精确。

有了大数据这一资源平台，城市规划也将与人工智能和机器学习深度融合。目前在规划中应用较为广泛和成熟的是基于地理信息系统的定量分析方法，但单一的GIS软件并不具备完善的方案模拟功能，因此，很多学者开始将人工智能运用于对城市数据的大规模挖掘，并用以提升对世界城市增长规律和空间规律的认识。例如，吴志强院士的团队已经完成了上万个全球城市建成区的卫星图像挖掘，展示了大量城市空间增长类型学的规律。

中国大多数城市已经从增量发展走向存量提升的阶段，城市规划工作与城市管理工作也在更加深度地融合。借助大数据手段，规划方案的制定能够很快得到实际效果的反馈，并能借助人工智能快速反应并进行调整。随着现代化城市建设的快速发展，智慧城市的建设与应用已经在全国多个城市兴起。作为当今城市建设的标志性工程，智慧城市建设不仅技术先进、工程量巨大、耗费资金多，而且整个智慧城市的设计、建设和应用也很复杂，尤其是错综复杂的探测器数据分析与应用对于城市的管理尤为重要，人工智能未来将在城市规划管理中发挥更加重要的作用。

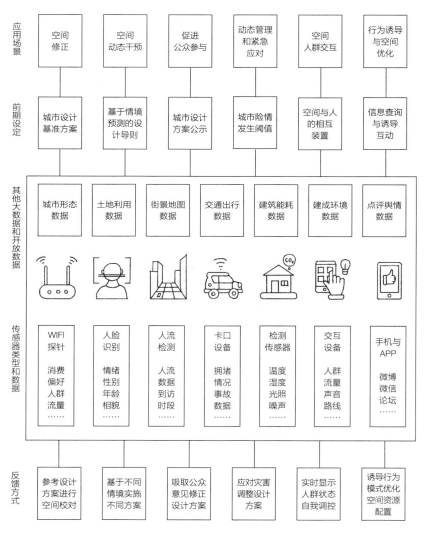

大数据平台在城市设计与实施中的应用场景
（资料来源：龙瀛，毛其智. 城市规划大数据理论与方法. 北京：中国建筑工业出版社，2019.）

八、面向实践的规划类型

以上介绍了几种常见的规划类型，在现实生活中，由于规划的前瞻性和统领性作用越来越受到社会的重视，不同的部门和业主也希望用规划来指导其工作，使得规划的外延在不断扩大。许多行业自身的发展规划姑且不谈，我们还是以空间资源为核心，简单分析一下空间资源分配、空间运营管理、空间治理培育和空间形象塑造4种外延的规划类型。

空间资源分配可以理解为城市管理的其他部门或者专业机构，希望通过规划的形式，为在城市中的发展争取到合适的空间资源。比如说某市民政局委托的市区范围内的社区发展规划，就是结合城市总体规划和各区的控制性详细规划，按照国家和省市的社区建设要求，合理划分街道和社区的管辖范围，并将社区服务用房和社区活动空间定点定量安排下来。空间资源的分配在一个新片区规划时比较好办，可以通过控制性详细规划提出配建要求，在新区开发时一并解决。但对于老城区来说，要在错综复杂的产权关系中挖出一块地用作公共服务，势必要面临很多矛盾。做这一类型的规划，需要做大量的沟通协调工作。

传统的城市规划只是为城市创造了一个空间的容器，至于容器里面具体装什么东西并不清楚。但随着城市增量规划的减少，原有城市土地财政日渐收紧，城市管理者更希望了解空间能够吸引哪些行业入驻能够更好地繁荣经济、增加税收，所以对规划提出了空间运营管理的要求。除了政府的需求外，一些行业也会请规划设计单位编制自身产业的专项规划，让产业的发展能够与城市空间深度融合，以获得更好的效益。空间运营管理规划需要规划师了解相关行业的基本知识，了解这些行业在规模、空间布局、顾客流线、后勤流线、智能管理等方面的一般要求，提出更为可行的空间规划方案。规划设计机构在了解各种行业诉求的过程中，能不断拓展自己的"朋友圈"，还能为地方政府提供招商引资的服务。

空间治理培育是指面对大城市这样的陌生人社会，要通过社区规划找回人们参与城市事务的积极心态，创造恰到好处的人际链接，建立广泛的活动人口和社群，维持人际链接，共同参与社区事务。空间治理培育的规划是目前很多地方政府在大力推行的工作，例如浙江省的未来社区规划。在这一类型规划中，空间形态本身不是重点，而是在于空间的设计如何触发人的交流和沟通，培育更多的社会资本。

　　城市空间的建设过程是多专业协同工作的成果，最前期的规划策划是保障各专业有效协作的基础，目前很多重大项目的建设都需要作前期规划研究，并希望规划团队能够在建设全过程对项目进行监督和指导。空间形象塑造的规划类型需要规划师具备较高的空间形态和美学素养，要求规划师对景观、建筑、室内、交通等专业有一定的了解，还需要了解各种设计思路实现的手段，才能有效指导工作，将空间形象的设计最终变为现实。

　　面向不断发展的城市，不论是城市规划的工作体系还是规划的技术手段，都将迎来巨大的变革。在变革的浪潮中，人才是实践活动中推动学科和行业发展的本质力量，所以，我们将在下一篇章谈谈"做规划的人"。

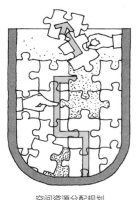

空间资源分配规划

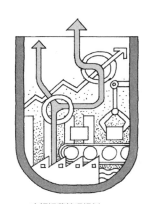

空间运营管理规划

空间治理培育规划

空间形象塑造规划

面向实践的规划类型

第五章

做规划的人

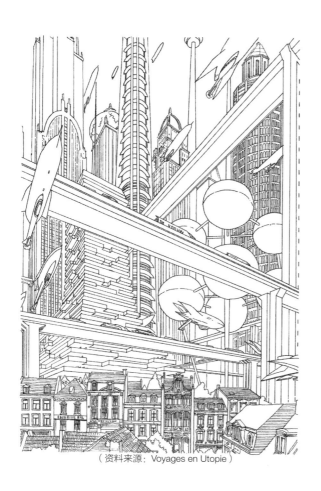

（资料来源：Voyages en Utopie）

第一节
规划师的历史

　　先来设想一下你心目中理想的规划师形象：理想中的规划师，应当是一身潮流装束，镜框闪着智慧的光芒，一手拿规划图，一手拿激光笔，向紧靠在身边的政府官员和开发商指点未来城市发展的方向。"这条路这样走""这里布置一个公园""这里的天际线起伏再大些"……政府官员和开发商得到指示后，立即风风火火地去实施。只见一座座城市在你的指引下如雨后春笋般出现，你的规划不仅改善了人们的生活条件，还顺带解决了很多社会问题，人们把你当作大救星来崇拜。在亲朋好友眼中，规划师也是一份金领职业，有着非富即贵的朋友圈，认识各个领导和大老板；有着高薪收入，画图就像画钞票一样；能够借着出差到处旅游，足迹遍布全国省市；经常在报纸电视上亮相，解答城市有关政策，过着高光生活。

理想化的城市规划师职业

那么现实如何呢？不可否认有一些生活在高光中的规划师，但大部分"搞规划"的人，都把大量的时间花在小小的格子间中，红肿的双眼对着电脑屏幕，宽松的衣服已经遮挡不住发福的肚腩，后退的发际线、隐隐作痛的颈椎，都是一次次通宵赶图的纪念。电脑旁堆积着各种规范，还有一次次修改淘汰下来的规划文本，家人的照片、心仪的动漫手办稍稍为空间增添了一点个性，但也在时间的锈蚀中慢慢褪色。除了格子间，"搞规划"的人还会将大量时间花在会议室里，无数次的方案汇报、部门协调、会议传达，大部分只是增加了脚边故纸堆的厚度。外人眼中看到的光鲜一面，薪水？和物价相比在负增长；朋友圈？和领导老板只有安排工作的交情；旅游？出差从来不会顺道去旅游景点，每一次都恨不得当天往返，延误和晚点更增加了工作的疲惫程度。

以上的对比是一个资深"搞规划"人的自嘲，其实每一种行业都是如人饮水、冷暖自知。规划工作有辛苦的一面，也有充满成就感的一面，这一章对想了解规划师这一行业，甚至有志于从事这一行业的人，做一些浅显的职业说明。

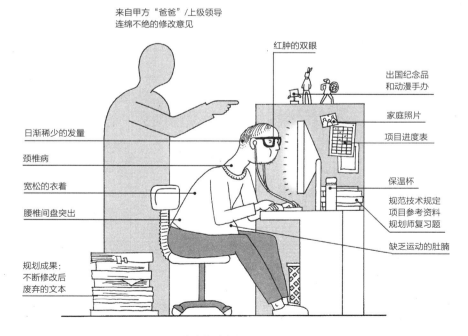

现实中的城市规划师职业

规划师这个职业正式确立的时间十分短暂。在没有规划师的年代，有很多职业代行了规划师的工作，指导人类定居点的建设。

在原始社会部落群居时期，聚落点如何选址，聚落内如何布局，壕沟挖多深，猪圈围多大……都由部落里有威信、有经验的长老负责。他们凭借自己丰富的人生经验，用脚步丈量距离，用树枝划定范围，将互不对付的家庭安排在最远距离，确保了部落定居点的长治久安。

在城市形成的初期，吸引人口聚集的是商业和宗教因素，神权是统治城市的主导因素。根据太阳、星辰和四季变化，祭司们总结出了城市建设的基本原理，并通过占卜来指导重大的建设活动，确保城市的有序运行。

古罗马的时代是工程师得到极大重视的时代，以军团为单位，罗马人通过土木工程战胜了蛮族，建设了遍布地中海沿岸的城市，以及联系它们的道路。引水道、大浴场、斗兽场等建筑拓展了城市的规模和城市生活的丰富度。罗马人的理性精神和实事求是解决问题的态度，为后世工程技术的发展奠定了基础。

罗马帝国灭亡后，黑暗的中世纪使得城市建设大幅度退步，在神的指引下，中世纪的匠人们以神圣的教堂和市集广场为核心，开始了精雕细琢的城市建设。

工业革命的浪潮带动了各种工程技术的发展，城市也飞速扩张。用理性主义和现代技术武装起来的工程师们，无疑成为这个时代当之无愧的城市发展主导者。他们测量，他们描绘，他们建设，他们有信心用自己的技术手段解决城市发展中出现的一个又一个问题。

进入20世纪，随着现代主义的狂飙突进，城市不单单是一个生活和生产的场所，更是一个施展自己理想、重新构筑人类生活的试验田。建筑师们不再满足于对过去的城市修修补补，提出了许多天马行空的想法。一座座新规划的城市在大地上出现，规划设计的工作变得空前绝后的荣耀。

经历了城市发展的危机和城市化的高峰期，城市不再飞速扩张，大型综合性的规划也渐渐销声匿迹，转为更加细微的规划调整和管理。这一时期的规划师更加专业，但施展的空间反而不如前人，被各种规范、技术管理规定、流程束缚住手脚，只能在电脑前穷经皓首。

在不远的将来，城市设计将通过数以万计的方案比选产生，城市管理将通过大数据实现精准调控，人工智能将逐渐接管规划师的大部分工作……

时　　期：原始社会
规 划 师：酋长
规划工具：树枝和脚步
口 头 禅：@#¥%&*

时　　期：古埃及时代
规 划 师：祭司
规划工具：太阳与阴影
口 头 禅：神指引我们

时　　期：古罗马时代
规 划 师：军团长
规划工具：直角测量仪
口 头 禅：元老院和人民

时　　期：中世纪
规 划 师：石匠
规划工具：锤子
口 头 禅：这是神的旨意

时　　期：工业革命时代
规 划 师：工程师
规划工具：皮尺
口 头 禅：相信科学的力量

时　　期：20世纪早期
规 划 师：建筑师
规划工具：图板丁字尺
口 头 禅：相信我的激情

时　　期：21世纪
规 划 师：规划师
规划工具：AutoCAD
口 头 禅：按照规范来

时　　期：未来
规 划 师：人工智能
规划工具：大数据
口 头 禅：嗡嗡嗡嗡

历史进程中的规划师

不论规划师的地位是崇高还是低微，不论规划师对城市的贡献是大还是小，也不论规划这个行业是否走向衰亡，规划师这一职业都有着自身的体系和传承，都在为城市更美好的生活贡献着自己的力量。

第二节
规划师的职业要求

一、知识体系要求

城市规划作为一个综合性的学科，需要有较为广泛的知识体系架构才能比较好地胜任自身工作。城市规划的知识体系可以分为三个大类，分别是：专业知识、相关知识和其他知识。

城市规划师需要有正确的价值判断和职业操守，抵御职业生涯中的各种诱惑，最大限度确保城市空间品质和生活水平。

城市规划师需要熟练掌握本专业知识，同时还需要了解与专业相关的文化、社会、经济、法律、美学等方面的知识，以便更好地编制规划。

城市规划师需要熟练应用各种软件和绘图工具，表达自己的想法，同时还要培养数据分析和归纳总结的能力以及沟通交往技巧，确保规划的实施。

规划师职业知识体系构成图

专业知识是规划师必须掌握的核心知识体系，分为理论知识和实践知识两个部分。理论知识是城市规划学科发展近百年来形成的专业知识科目，比如城乡规划原理、城市建设史、城市行政管理与法规等，这些知识构建了一个规划师对于本专业的认知。实践知识就是指导规划师从事具体规划工作的知识，比如规划相关的各种规范、政策和法规，总体规划、城市设计、控制性详细规划及各类专项规划的研究方法，城市规划的编制和审批流程等。

相关知识是在学科定义上属于其他学科，但城市规划工作中是会经常用到的知识，比如建筑学、城市经济学、城市社会学等。城市规划的相关知识为城市规划的很多工作手段和研究方法提供了基础，所以规划师也都需要有一定程度的了解，然后再根据自身工作特点有所侧重地钻研。比如建筑学的知识，做详细规划较多的规划师就要深入学习。只有熟悉建筑规范，了解某一类建筑对于用地规模、交通出入、消防、日照等方面的要求，才能在详细规划阶段给出最具落地性的方案。虽然在一些较大的规划设计单位会有多专业人才配合规划师工作，但如果规划师本身不具备这些相关知识，只会画一张漂亮的总图，那将会在规划实施过程中碰到各种各样的问题。

其他知识是与城市规划工作或者与城市相关的一切知识。这些知识不像前两类知识那样可以直接用于工作，但这些知识将决定一个规划师的视域，也将决定他的思维深度和广度。一个视域广阔的规划师，在面对城市这一"人类命运共同体"的时候，能看懂城市发展的深层次动因，找出一个能够为大多数人所认可的解决方案。而一个视域较窄的规划师只能通过传统的规划分析手段去了解城市，给出一个干巴巴的空间布局方案。规划师要以开放心态，随时接受社会的新发现、新思潮，并思考其对城市的影响。只有通过不断的知识积累，才能跟上这个时代快速发展的步伐，用空间规划对新的城市问题及时作出回应。

二、技能要求

城市规划是技术性和社会性并重的工作，因此对于规划师的工作技能，也有较高的要求。

首先是资料收集整理和数据分析判断能力。规划师要能够掌握文献检索、资料查询及运用现代信息技术跟踪并获取信息的方法。城市规划要对复杂的城市进行分析，找出对城市发展有益的要素，并抑制有害的倾向。与规划有关的城市数据是巨量的，目前虽然有大数据作为支持，但还是有很多工作需要人工筛选和判断。因此资料收集整理能力是非常重要的。

其次，规划师的社会工作者属性还要求从业者具备较好的沟通表达技能。规划师要说服甲方、政府和公众接受自己的方案，需要能够了解听众的需求，清晰表达自己的观点，并且能够真正打动听众。除了正式的方案汇报，在平时的工作中，好的沟通交往技能也能够像润滑剂一样让规划师获取更多的信息，更好地助力工作，以提高工作的效率。规划师的沟通表达技能不仅限于口头表达，手头的功夫也很重要，通过简要而精准的手绘直观生动地表达出问题的关键，在和甲方沟通时会起到事半功倍的效果。

第三，规划师还需要优秀的协作能力，能够在一个团队中发挥骨干作用。规划不可能由一个人单独完成，规划师必须要与各个相关专业、商务人员等一起来完成项目。随着规划工作外延的扩大、甲方对规划工作综合性要求的提高，规划师还会和越来越多的其他非建设专业人员合作。因此规划师一定要培养自己在团队中的组织管理能力、较强的自我控制能力和人际交往能力，并且具有较强的适应能力，能够随着项目和团队的变化，自信、灵活地处理新的人际环境和职场环境。

第四是解决问题的能力。随着中国城市化进程放缓，相当一部分城市规划工作，也从前几年的蓝图描绘慢慢转为对具体城市问题的研究。城市问题一般都具有自身的独特性，很难用一个统一的规划模板去套用，这就需要规划师有分析问题的能力，能够找出问题症结所在，能够了解如何调动各种资源来解决问题，并提出具有可操作性的方案，供城市管理者决策。

最后，一个好的规划师还需要终身学习的能力。我们的城市在时代浪潮中也发生着日新月异的变化，比如打车软件和共享单车的出现，对城市交通出行和道路资源利用提出了许多新的挑战，这就需要规划师在职业生涯中与时俱进，不断拓展和更新知识，思索城市未来的发展道路。

三、价值观要求

人在社会生活中的行为会依据自身的价值观进行取舍。面对规划过程中巨大的利益交织，规划师在工作过程中，需要通过自身修炼来坚持自己的专业操守。规划师的职业道德在行业内虽然有明文要求，但职业道德是社会化过程的产物，并不是一成不变的，需要在具体工作的不断打磨挑战中铸就。

张庭伟先生在《转型期间中国规划师的三重身份及职业道德问题》（2004）中，曾将中美规划师的职业道德做了对比。美国持证规划师学会和美国规划院校联合会在评估规划院校的教育质量时，提出了"知识""技能"和"价值观"三方面的要求，其中关于规划师价值观的要求有以下五个。

（1）规划师的工作必须体现社会公正、公平，为市民提供经济福利，在使用资源时要讲求效率。

（2）理解在民主社会中政府的角色定位，重视、保证公众参与。在保护个人权利的同时保证集体的利益和公众的权利。

（3）尊重多元的观点，尊重不同意识形态的共存。

（4）保护自然资源，保护蕴藏在建筑环境中的重要的社会文化遗产。

（5）遵守专业实践和专业行为中的职业道德，包括规划师和业主的关系、规划师和公众的关系，注意在民主决策过程中市民参与的地位。

中国的规划师工作环境与美国同行有相似的地方，对规划师职业道德上的要求也类似。但是具体来看，中国规划师的价值观不但受到社会大环境的制约，规划师群体自身也并非完全同质的"铁板一块"。不同工作性质的规划师（任职于政府机构、私人公司，大学教师等）有不同的价值观，导致对职业道德标准有不同的解释。工作稳定的规划师可能会要求高标准的职业道德；面临着业绩收入压力的规划师可能会大胆地在违规的边缘试探；而更多规划师则倾向中庸，主张遵守职业道德，同时留有弹性，为不同情况留下空间。由于现实社会的复杂性，很难用一把"非黑即白"的标尺来裁决规划师的职业道德，但规划师自己心中应该有一条必须坚守的底线，对得起自己的所学和自己的工作。

中国规划师的三重社会身份

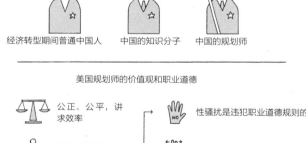

美国规划师的价值观和职业道德

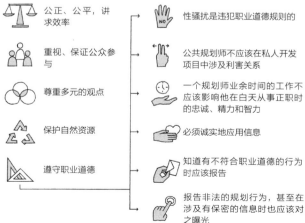

规划师的职业道德
（资料来源：张庭伟. 转型期间中国规划师的三重身份及职业道德问题. 城市规划，2004（3）.）

第三节
规划师职业生涯

一、规划师的专业教育

　　要想获得规划师的专业知识和职业技能，最好的办法莫过于专业院校的教育培训。目前国内有很多院校有城市规划专业，通过4~5年的专业教育，让有志于成为规划师的年轻人获得想要的知识体系。

　　我国的规划专业教育经过几十年的发展，已经形成了相对完善的体系，培养出来的学生基本能够胜任规划设计和管理的工作，并为未来深造打下了坚实的基础。各个规划院校在课程设置上有所区别，下面以某高校城乡规划专业本科（学制5年）课程为例，展现一下规划教育的系统性。

　　该校城乡规划专业本科人才培养要求如下。

　　（1）知识要求：掌握城乡规划原理、城市设计原理、城市建设史、城乡道路与交通规划、城乡生态与环境规划、城乡基础设施规划、城市行政管理与法规以及其他相关学科等基础理论和必要的工程基础知识。

　　（2）能力要求：掌握总体规划、城市设计、控制性详细规划及各类专项规划的方法；具有城乡规划研究的初步能力；在城乡规划各项工作方面具有较高的专业水平与工作能力。

　　（3）实践要求：完成规划编制、计算机应用、科学研究与工程设计方法的基本训练；了解国家对于城乡发展与规划管理等方面的方针、政策和法规。

　　（4）特别要求：具备自愿改善健康、安全和环境质量的责任关怀理念，遵循和践行公平正义的社会原则。

　　在课程安排上，主要分为以下几个方面。

　　（1）公共基础课程。主要是英语、思想政治、高等数学、体育等科目。

　　（2）大类基础课程。这一类课程主要需要学生在低年级掌握与本专业有关的基础知识和技能，学习相关学科（建筑学、风景园林）的理论知识，进行建筑的初步设计，为学生的空间建构能力打下基础。该校城市规划专业的大类基础课程和建筑学专业是相同的。其中必修课程有建筑设计基础、绘画、画法几何、建筑阴影与透视、建筑设计理论与方法等，此外还有4个建筑设计课程，低年级主要是大门、冷饮店、小住宅、幼儿园等的设计。选修课程有模型制作基础、中外建筑史、中外园林史、建筑构造、专业外语、建筑美学等。

（3）专业基础课程。这一部分课程是城乡规划专业特有的课程，通过学习对城乡规划专业有基本了解，并开展较小规模的城乡规划设计实践。这一阶段的课程一般从三年级开始，必修课程有中国城建史、外国城建史、城乡规划原理、城市设计理论与方法、城乡规划数据分析方法，此外还有四门规划设计课程。规划设计课程一般是一学期两门或者一门，从居住区修建性详细规划开始，在前面建筑学的课程基础上向更大尺度设计过渡，向城市设计、控制性详细规划迈进。选修课程会涉及城市环境物理、环境行为学、城市公共艺术等课程。

（4）专业课课程。这一部分是高年级的城乡规划专业课程，通过理论与实践相结合的模式，让学生对专业有更深入的了解。必修课程有城乡道路系统规划、城市社会学、城乡社会综合调查研究、城市地理学、城乡交通规划、城乡生态与环境、城乡公用设施规划、规划研究方法、城市经济学等，还包含5门规划设计课。规划设计课将会涉及总体规划等更大规模的项目，有的课程课时会持续一个学期。

通过5年的寒窗苦读，大多数学生都能在老师的指导下完成各项规划设计作业，初步掌握了专业知识，具备参加工作的基本能力。除了学校安排的设计院实习外，一些学有余力的同学还利用假期等业余时间在外接项目，进一步提升了实践工作技能，受到用人单位的极大欢迎。

除了在学生阶段的学习外，工作以后规划师也有很多的学习机会。许多规划设计单位会定期对员工进行培训，邀请行业内专家学者来单位开讲座，或者在单位内部不同部门之间进行业务交流。另外，通过参加一些重要的规划竞赛，与国内乃至国际规划精英同场竞技、互相学习，也是很好的提升机会。

二、不同的规划师岗位

经过4~5年的寒窗苦读，获得本科学位后，就可以走上规划师的职业道路。

城市规划的职业历程和所在国家的政治体制和管理模式休戚相关，P.希列（P.Healey）曾经总结出5种规划师职业：有作为城市管理者的规划师，这一类规划师是现代主义规划黄金时代的理想职业，怀揣着改变城市的梦想，为城市发展指点江山；第二类是作为公共官员的规划师，在规划的法律法规体系下，作为一名公职人员承担自身的管理职责；第三类是作为政策分析者的规划师，通过各种城市规划技术分析手段，为决策者制定公共政策提供依据；第四类是作为中介者的规划师，在倡导规划和公众参与中作为开发者、管理者和公众之间的桥梁，确保各方诉求的表达和共识的形成；还有最后一类是作为社会变革者的规划师，为了城市弱势群体的权利热情奔走，引发社会关注，影响公众舆论。

以上5类规划职业立足于西方社会现实，其社会工作者的属性大于专业技术人员。在我国目前的社会现实下，城市规划师的职业道路主要还是立足于自身的专业性，在不同岗位为社会服务，可以分为5种不同的类型，我们通过职业生涯路线图的方式标明了每一类岗位的发展路线。

第一种类型：执教生涯。随着国人教育水平的提高，目前大学任教的门槛也在不断提高，很多学校教师求职的门

作为城市管理者的规划师
urban development manager

作为公共官员的规划师
public bureaucrat

作为政策分析者的规划师
policy analyst

作为中介者的规划师
intermediator

作为社会变革者的规划师
social reformer

规划师的角色类型——P.希利

槛已经是博士学历。因此要想留校任教，还必须在学校完成2~3年的硕士研究生学习，以及5年左右的博士研究生学习。进入学校任教后，职称先从助教开始，因为有博士期间的论文作基础，一般一年就可以评为讲师，然后就是不断地写文章、申请课题、写书，积累自己的学术资历，向着副教授、教授、教授+博士生导师的台阶一步步迈进。在大学，授课数量相对中、小学老师来说还是比较轻松的，一般的教师一学期会负责两门半学期的设计课程，大概每周两个半天，另外还有每周2~4个课时的专业课。除了授课之外，很多老师还身兼学校的行政工作，各种统计表格也会花去不少时间。当然，压力最大的还是来自于学术和职称方面，特别是刚刚工作不久的年轻教师，没有研究生、没有资历、申请不到课题，为了写出高质量的文章绞尽脑汁，而副教授、教授职称永远"僧多粥少"。总而言之，学校虽然有寒暑假、时间相对自由等福利，但竞争的气氛也愈加激烈，对于写文章的苦手来说不是一个好的选择。但如果本来就能沉下心来做学问的人，确是一个充满了乐趣的选择，城乡规划专业永远也不会缺乏有意思的课题。

第二种类型：行政生涯。或者是由于家庭要求，或者是为了追求稳定，也或者是为了探寻城市管理的奥秘，有些同学通过公务员考试进入了城市规划行政管理体系，从规划局（现在改为"规划和自然资源局"或者"自然资源局"）办事员的岗位干起，按照行政系统的晋升程序一步步向上走。规划的行政人员一开始会在某个具体的处室，跟着前辈们学习如何处理各种问题。工作几年积累了资历和经验后，可以成为负责一个科室的科长。在很多缺乏专业人员的四五线城市或者县城，规划专业出身的人可以很快走到这一岗位。规划部门有分管土地、规划、建设等业务处室，也有一些相对清闲的处室，到了科长一级，一般会在其他几个科室的岗位上轮岗，这样一方面可以更加了解部门的整体运作机制，为向上发展搭建坚实的基础，另一方面也是为了防止长时间在同一个岗位容易发生的职务腐败行为。在多个业务科室负责之后，就有了向规划部门领导岗位晋升的资格。领导岗位毕竟有限，有一些处室科长也许就在不断的轮岗中走向退休。符合领导岗位的人除了专业素质好、业务能力过硬外，领导和协调能力也很重要，因为到了这一岗位，在很多时候需要协同城市的其他部门，一同帮助市领导解决城市建设中遇到的问题。如何发挥自己部门的作用、和其他单位协作、争取更多的资源，就是部门领导需要重点考虑的事情。很多优秀的规划人才能够做到业务副局长或者总师，但无法再进一步，就是这方面的能力相对缺乏。通过多年的历练和专业积累，到了规划局局长的岗位，就能协助市领导制定很多重大的城市发展决策，做到"用权力讲述真理"。规划局长之上，还有分管城建的副市长以及其他更高的领导岗位，就不在本书的讨论之列了。

第三种类型：开发生涯。中国的城市发展除了政府的推动之外，另一大推动力无疑是大大小小各类房地产开发企业。有的同学本身就对这一工作感兴趣，有些则是厌倦了当乙方被甲方催图，有的则是被高薪所吸引，于是也加入了开发商的行列。作为城乡规划专业的技术型人才，在房地产开发企业的工作一般跟着老员工，从项目前期策划和拿地环节开始，从地方政府那里收集有关的用地信息，研发和挑选本公司的产品，引导设计单位拿出符合规划要求又能保障开发收益最大化的方案。随着工作经验的增加，会分管更多技术方面的工作，并要补充更多建筑设计、消防、施工、销售、运营等方面的知识，然后成为公司的技术总监。在工作多年，通过对房地产开发的全过程了解，以及在地方上积累的丰厚人脉，还可能成为项目经理，以及获得公司的更高岗位，甚至成立自己的房地产开发公司。开发环节中的千头万绪，使得开发商的职业生涯和其他职业道路相比，更具有综合性和实践性，收入水平也是最高的。

第四种类型：设计生涯。规划设计师是规划专业应届毕业生选择最多的岗位，虽然工作两年以后，很大一批人都会放弃"用设计改变城市的理想"，转投开发商、行政机关或者学校的怀抱。现在好的规划设计单位门槛也比较高，但那些在读书期间就协助老师完成项目、具有实践经验的学生，规划设计单位无疑是最欢迎的，因为这无形中节省了单位岗前培训的时间。到了设计单位，规划师会先从最基础工作做起，在项目负责人和老员工的安排下，收集资料、整理案例、找示意图片、画分析图、编制图则、写设计说明等。熬过一年，如果已经熟悉工作流程，有一定的方案能力，就能带领比自己资历更浅的新人，负责规划设计的某一个部分的工作。如果方案能力很强，同时也学会了如何与甲方沟通交流，则可以成长为项目负责人，从相对较小的项目开始，直到负责较大规模的项目。大的规划设计院一般会分为很多个专业所，市场环境较好的情况下，设计院会成立新的所，让有方案能力和经营能力的项目负责人担当所长。所长能够带领一个团队承接更多的项目，也要面对院里产值要求的压力。在所长之上，技术能力更强的人可能会走上总规划师的岗位，经营能力更强的人可能会成为分管业务的副院长乃至院长。

第五种类型：改行。4~5年的城乡规划专业学习，教会的是一种职业技能，也教会了学习的方法。有的同学在这几年学习过程中还发现了自己另外的天赋和兴趣所在，于是义无反顾地改行了。摄影师、歌唱家、导演、画家、IT精英……每一种行业都能让城市更加精彩，没有孰优孰劣之分。

　　不论在哪种岗位上修炼，要向上成长，都需要长远的规划和坚实的努力，以及学会学习的能力。通过坚持不懈的学习和实践工作的历练，规划师们才能够更加了解自己的专业和所服务的城市，在本行业逐步上升，到达更高岗位。

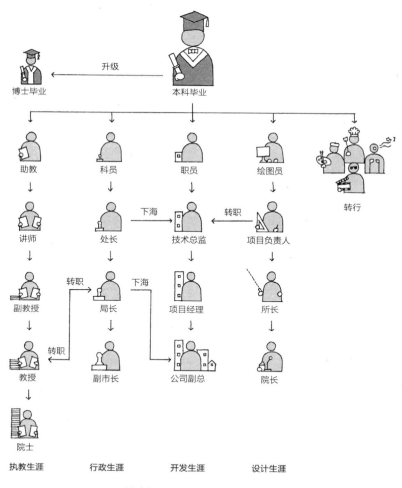

城市规划专业职业生涯路线图

城市规划是一项长期艰苦的工作，在任务紧急的时候，会进入"997"的工作状态，不像很多行业那样能够享受"朝九晚五"的规律生活。长期紧张的工作会对规划师的身体造成伤害，所以规划师还需要具有较强的自制力，能够安排好自己的时间，并积极锻炼身体，均衡好工作和家庭、工作和健康之间的关系，保障自己的职业道路能够走得高，还能走得远。

既然选择了城市规划这项工作，规划师应该永葆对城市和生活的热爱，以及对人的热爱，这种爱能够让你在职业生涯中不断发现城市这一复杂容器里的秘密，保持旺盛的工作热情。

第四节
如何参与一项规划

城市规划编制是一项符合既定流程的创造性工作。说既定流程是因为按照城市规划编制办法及其他相关的规定，以及各个规划机构在长期的规划工作中所约定俗成的一些套路，规划编制工作必须要遵循一些基本范式。最后呈交的规划成果要具备相应的内容，要展现出编制者的工作思路和工作量。说创造性工作是因为每一项规划工作所面临的甲方、任务、场地情况都各不相同，需要在规划过程中提出有针对性的解决方案，这一方案融合了规划师自身的专业教育、生活阅历、知识储备，以及对场地的感知、对甲方要求的把握，以规划设计所创造的独一无二的空间为载体，将政策、社会、经济、交通等诸多方面的内容梳理出来。随着社会环境的变化，我国的城市发展从以前大规模扩张的"增量"城镇化阶段，转向以内部精雕细琢的"存量"城镇化阶段，原本以空间为主的城市规划模式也面临着挑战，越来越多的城市规划任务都要求规划师以现有空间存在的问题为导向，提出非套路化的解决方案，这也对规划编制工作的创造性提出了更多和更高的要求。

按照一位规划前辈的话说，好的城市规划作品犹如跳水比赛，首先要完成"规定动作"，还要有打动甲方、独具创意的"自选动作"。这两个词很形象地概括了城市规划编制的两个特质。下面就让我们将城市规划编制工作一步步分解，去探寻我们需要遵循的轨道和可以超越的极限。

一、实地踏勘

　　城市规划工作在收到任务书后，首要的工作就是进行实地踏勘，建立对现场和基地的直观印象。实地踏勘的目的在于尽可能多地收集现场信息，不是拍几张照片，在地形图上东描西画就可以了事的。如同外出旅游一样，想要获得更多的体验和感受，不至于白白浪费看现场的体力和来回差旅费，就需要先做功课。

　　做功课的第一步是收集现状图纸，作为踏勘的依据。专业的甲方一般会提供合适比例的地形图和其他有关图纸，上面会有许多明确的信息。但也有很多甲方没有或者暂时无法提供现状地形图，规划师则可以借助各种地图软件，通过拼接编辑成便于使用的现状图。

① 软底鞋，软底鞋有防滑功能，实地踏勘和商务场合两相宜；
② 湿纸巾，能在野外快速清洁双手和衣物；
③ 照相功能较好的智能手机，目前智能手机的拍照功能完全可以替代一般的相机，并且能迅速交换数据；
④ 双肩背包，携带各种杂物，解放双手，两侧最好有较深的网兜便于携带水和图纸；
⑤ 纯净水，比其他饮料更容易解渴、保持体内水分；
⑥ 防蚊贴，在夏季避免蚊虫叮咬；
⑦ 巧克力等高能食品，在长时间野外勘探中保持足够体力；
⑧ 记事簿，随时记录现场情况；
⑨ 不同颜色的彩色水笔，便于在图纸上标记不同信息；
⑩ 耐磨的休闲长裤，保护双腿不被草割蚊叮；
⑪ 较薄的多层衣物，便于根据环境穿脱，保持宜人体感；
⑫ 现状图纸，最重要的物品；
⑬ 航拍飞行器，用于航拍不便于穿行地区，注意不要违反相关法律。

实地踏勘携带装备示意

做功课的第二步是现状预演。规划师面对地形图，先在头脑中生成现状地形地貌和主要标志物，预先判断现场进入的路线和便于拍摄的制高点，并做出实地踏勘的初步计划。现状预演可以与后面的实地踏勘相互印证，加深对场地的印象。

做功课的第三步是同类型案例的研究。同类型项目是激发规划师创造力的源泉之一，通过对规模、性质类似的案例进行研究，可以带着相应的问题进入现场：类似的功能是否也能放入？本项目的环境是否许可？交通组织方式是否可行？有了一系列问题可以让规划师更快进入状态。

做功课的第四步就是准备好相应的原始数据收集图表，对于偏社会经济类的规划，其方案应建立在大量翔实的数据分析上，实地踏勘是基础数据的采集过程，必须要准备到位，便于踏勘后的整理。

做功课的第五步就是制订好工作计划，提前与甲方联系，安排好实地踏勘的出行方式和需要进入区域的许可，避免不必要的重复劳动。

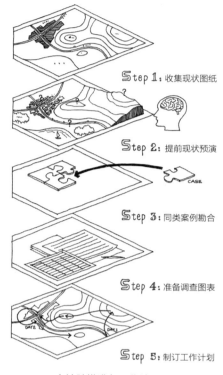

Step 1：收集现状图纸

Step 2：提前现状预演

Step 3：同类案例勘合

Step 4：准备调查图表

Step 5：制订工作计划

实地踏勘准备工作流程

功课做好后便进入踏勘的流程。实地踏勘也应当采取团队协作的方式，多人分工采集不同的现场资料，有人拍照，有人在现状图上做记录，有人在图表上记录，还有人与陪同现场踏勘的人实时交流沟通。在现场的实时交流是理解甲方意图最佳的机会之一，有经验的规划师在前期功课的基础上，甚至可以一边踏勘一边在心中或者图上勾勒初步方案，并将初步方案与甲方沟通，取得共识，这将大大节省规划编制反复讨论修改的时间。

实地踏勘是规划编制过程中接地气的环节，通过对现场情况的反复印证、交叉体会，规划师最终会在自己心目中建立完整的场地印象，这一印象不是简单的现状地形复制，而是带着大量有价值的附加信息，并成为自己下一步做方案的基础。

二、搜集资料和访谈

除了实地踏勘，现状资料的收集和访谈也是城市规划前期重要的环节。按照一般规划的流程，会在收集资料前，准备好工作计划，列出要调研的部门和需要收集的资料。从规划类型上来看，城市总体规划需要收集的资料和调研的部门最多，主要分为12个方面：（1）区域环境的调查；（2）历史文化环境的调查；（3）自然环境的调查；（4）社会环境的调查；（5）经济环境的调查；（6）上位规划；（7）城市土地使用的调查；（8）城市道路与交通设施调查；（9）城市园林绿化、开敞空间及城市非建设用地调查；（10）城市住房及居住环境调查；（11）市政公用工程系统调查；（12）城市环境状况调查。其他类型的规划会根据实际需要在这些方面里进行取舍。

为了在规划开展前进行全面细致的调查工作，需要采取多种方法。除了前面提到的实地踏勘观察调查外，还需要进行问卷调查或者抽样调查、访谈和座谈会调查、文献资料运用等。

问卷调查是社会调查的一种数据收集手段。规划师要预先假定好所要问的问题，将这些问题打印在问卷上，编制成表格交由调查对象填写，然后收回整理分析，从而得出结论。在城市规划中，问卷调查主要用于对城市某个特定方面进行主观评价的资料收集，这一方面往往难以用其他定性定量的方式来测量，例如对公共交通的满意度、对生活便利满意度等的调查。

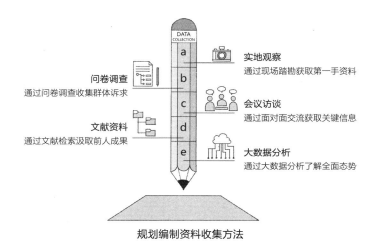

规划编制资料收集方法

抽样调查是一种非全面调查，它是从全部调查研究对象中，抽选一部分单位进行调查，并据以对全部调查研究对象作出估计和推断的一种调查方法。抽样调查虽然是非全面调查，但它的目的却在于取得反映总体情况的信息资料。比如通过一个典型社区的抽样调查来了解城市其他社区管理整体情况，因而，也可起到全面调查的作用。不过，随着科技的进步，大数据应用逐渐成熟，大数据可以做到采集所有数据加以分析，构建全新的调查分析视野，更好地服务于城市规划工作。

访谈和座谈会调查是针对特定部门和专业人士进行的资料收集工作。例如前面提到的总体规划需要收集的12个方面的资料，很多就需要通过访谈和座谈会的形式采集。在访谈和座谈会之前，规划师同样要做好功课，先预设一些问题在会谈中提问，另外最好通过提前预约的形式，让参与访谈者就相关问题做好准备。在会谈中，规划师要根据会谈的实际情况，像新闻工作者一样，深入挖掘其中的信息。需要注意的是，在中国的现实环境下，甲方主要领导的意图是必须要了解的重要信息。访谈工作不一定全在正式场合进行，规划师与被访谈者在工作餐的时候、在现场一同踏勘的时候，都可以有很多机会触发话题，找出一些有价值的信息。

文献资料的运用首先要向相关资料的管理部门索取，比如上位规划向当地规划管理部门索取、土地使用情况资料向国土部门索取、道路交通方面的资料向交通运输部门索取，另外也可以通过网络、报纸杂志、出版物等形式收集。资料收集到位后，需要进行分析整理和归类研究，或者是梳理出一条清晰的发展路径，或者是得到一些有价值的信息。鉴古知今，通过文献资料的运用，可以有助于规划师了解城市的过去和现在，从而判定未来的发展趋势。

这一阶段大量的调查工作并不是为了完成规划任务应有的工作量，而是通过调查熟悉规划的对象，从千丝万缕的线索中找出项目的症结所在，或者是找到规划思路发展的路径。

三、运用专业分析方法

前两步的工作为规划师提供了大量的基础素材，面对这样海量的信息，如何整理出对规划有用的部分，如何有效引导规划进行，就需要采用专业的规划分析方法。关于规划方法有很多研究，伴随着城市规划理论的变革，规划分析方法也在不断创新，从最普遍的综合规划法，到理性主义和使用主义结合的分离渐进规划法，到混合审视规划法、再到连续性城市规划法……不一而足。虽然有着林林总总的方法，但基本还是从综合规划法发展衍生出来的，因此必须首先学会其精要。这就好比现代绘画大师不断推陈出新创造新的表现方法，但仍然需要首先掌握素描基本功一样。

综合规划法来源于系统学的理论。根据系统论的原理，城市就是一个复杂的系统。城市系统是由相互有联系的诸要素组成的完整综合体。城市组成要素，如土地、水域、植被、人口、工业、农业、各种基础设施、建筑物、构筑物、生态工程等，都是系统中的一个子系统。城市内诸要素之间相互发生关系、组成一定的结构，这一结构就是区域诸系统之间相互联系的特定形式。

综合规划法通常由三个基本环节构成，即问题形成、系统分析、系统评价。每一个环节都有一系列定性和定量的具体方法可供利用。

在系统问题的形成阶段，需要规划师确定规划的区域、规划的目的要求和发展总体目标和具体目标。有了这一系列目标，相对应地就可以将问题分门别

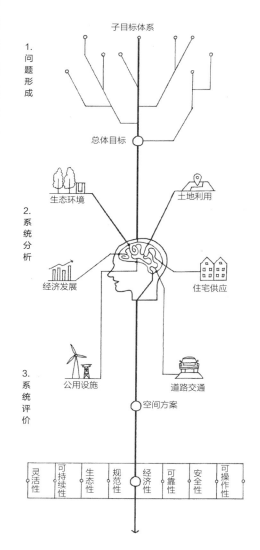

综合规划法工作路径

类地罗列出来，对现有资料进行系统化的处理。

在系统分析阶段，规划师要对系统要素的性质、功能、相互关系进行分析，对系统的各种不确定因素、系统的组织、结构、状态和可能的变化等通过综合处理，建立模型，反复验证，以作出判断，并提出每一个要素发展和相互影响的最佳路径。在系统分析阶段中需要运用归纳法和演绎法，同时也可以借助数理统计等手段，从上至下或者自下而上，进行逻辑程序推理，最后得出结论。

在系统评价阶段，规划师可以通过预设目标所建立的一套效益、成本、影响等基本指标来评价规划方案，或者评价规划方案实施效能，然后对规划设计方案作出综合评价。评价时要注意对方案的可靠性、安全性、可操作性、经济性、规范性、生态环境可相容性、社会性及可扩展性、灵活性等进行总体评价。由于评价考虑的因素很多，就需要规划师按照从业经验、与甲方沟通情况，以及各影响因素加权平均等方法进行抉择。

用综合规划法来解决城市规划，可以比较精确地形成关于研究对象的最基本的概念，可以确定其发展目标和方案，可以制定具体实施措施。

在掌握综合规划法的基础上，根据不同项目情况和甲方需求，可以有其他的规划分析手段进行补充，比如案例研究的方法。

案例研究是城市规划中的一种重要的分析方法，因为受到现实复杂世界的影响，城市规划自身面临具体项目、具体问题时，很难有一个标准化的研究方法能够服众，这时现有的成功案例就具有了毋庸置疑的说服力。现在的城市规划文本里充斥着大量的案例研究，但很多时候这些案例研究都是"装点门面"，没有充分结合实际对象，在案例研究上也泛泛而谈，然后武断地得出结论。有价值的案例首先要求规划师对于案例有充分的认识，最好是现场直观的认识，其次要掌握大量详实的背景资料和数据资料，知道这一案例对于需要借鉴项目的可参考性，知道这一案例实施过程中的经验和教训。有了这样的案例分析，才能对城市规划项目的实施具有参考价值，也能更好地说服甲方接受方案。

四、发现核心问题并创造性地提出解决方案

规划分析方法为规划师提供了多种思路，但这些思路如何选择，如何能够体现出

对城市空间的创造性贡献，这就要求规划师去发现空间的核心问题，或者说甲方的核心需求，并创造性地提出解决方案。不同的规划面临着不同的问题，也有千变万化的解决方法，但判断其是否有实效性，就要看能否真正创造价值。

城市规划是一种空间生产活动，必然带有两个特征，一个是空间生产的政治性，一个是空间生产的经济性。政治性在于空间生产的主导者是谁，谁会对空间变化有决定性的影响力。而经济性则是城市规划必然要带来城市空间的改变，而这种改变一定要对主要影响者产生客观的经济效益。城市规划这项空间生产活动在实施过程中势必要耗费不菲的资源和资金，如果不能够创造经济价值，则其实施推进的难度就很大，也很难得到空间生产主导者的认可。

不论规划服务对象的价值诉求如何，规划解决方案最终需要落实到场地（或者说空间）特质上。不论城市规划所处的社会环境如何变革，城市规划脱离不了其空间本质，因此，找寻核心价值就是城市规划空间核心构建的依据。

发现核心问题并找到空间解决方案实际上是一个由繁到简的过程，通过前述大量

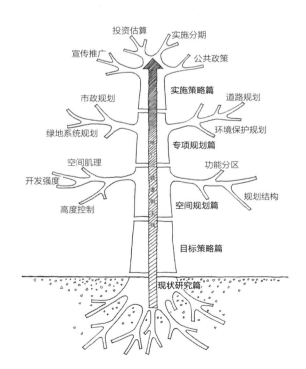

方案展开的逻辑层次

的资料分析研究，穿越重重现象的迷雾，找寻到最能满足甲方要求，也符合大多数人利益的价值点，最终得到一个构思、一条空间线索、一个解决问题的思路。如此，规划工作的创造力就展现开来。

五、建立方案的逻辑层次

　　有了针对核心问题的主导方案，就需要以此为主要脉络，进一步考虑规划中各种影响因素的不同需求，有逻辑性地展开规划涉及的层次。何谓逻辑性的展开？可以将之形象地比喻为一棵生长着的树，树的主干就是逻辑展开的主线，按照问题导向或者概念构建的方式层层生长，然后在生长的每一环节，横向生长出分支，将各个环节的内容丰富化，却又始终保持着主干的清晰脉络。

　　问题导向型的规划可以通过这样一种方式展开：首先通过与甲方的沟通，得出这一项目的规划愿景，然后通过实地踏勘，了解到现实和愿景之间的差距，这一差距即是问题所在，然后创造性的方案提出，有针对性地一一解决面临的问题，并通过规划的各个分项在空间上的落实，最后提出配套的实施策略。

　　概念建构型的规划可以通过另一种方式展开：首先通过对项目的了解，给出一个清晰的规划概念，然后进行案例分析，了解这一概念同类成功项目所包含的特点，然后将

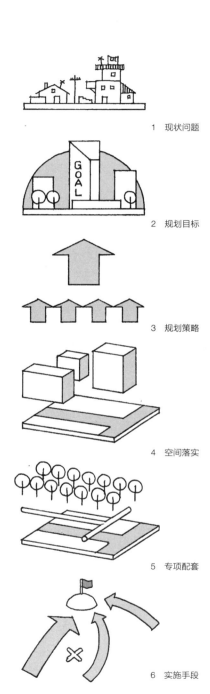

1　现状问题

2　规划目标

3　规划策略

4　空间落实

5　专项配套

6　实施手段

问题导向型规划逻辑展开层次

这些特点形成规划策略，逐一在空间中落实，再沿主线引申出各个专项规划，最后提出实施策略。

　　方案逻辑层次的构建，可以将规划师对规划项目最核心的感悟作为主线，串联起规划所需要的各项"规定动作"，这样一种工作方式有助于规划团队的分工协作，也有利于规划师在与甲方的交流过程中让对方迅速把握要旨。

　　除了对规划项目整体成果的逻辑层次建构外，对于规划空间方案本身（具体而言就是总平面图或者土地利用图）也可以采用逻辑层次的方式展开，这里以一个城市片区的城市设计为例进行说明。

　　不论是问题导向还是概念建构，城市设计在经过实地踏勘和现状资料分析之后，都会在规划师心中形成一个粗略的结构，这个结构可能是一条轴线，可能是一个圆，可能是一个凤凰形，也可能是"一体两翼""一带四区"之类的复杂结构。这种结构的形成，来自于规划师对现状地形地貌和用地情况的理解，来源于交通、产业、社会、生态等各种因素的限制或者鼓励，也来自于对理想范例的学习。在粗略结构的基础上，规划师开始通过不断地描画论证方案。虽然电脑辅助设计水平不断进步，但在一开始徒手勾勒方案结构还是必须的，因为在完整的图纸上设计方案，可以一直保持对规划全局的清醒认识，不容易过早陷入细节当中。同时，

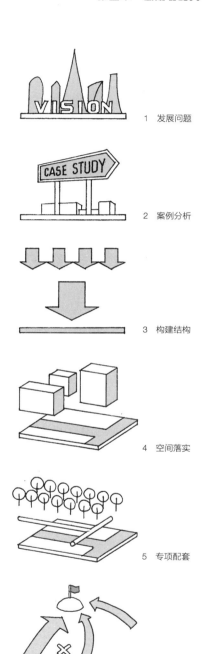

1　发展问题

2　案例分析

3　构建结构

4　空间落实

5　专项配套

6　实施手段

概念建构型规划逻辑展开层次

规划师在图纸上用笔反复描画的过程，也是一个思维过程，前期分析的各种因素都凝聚在笔尖，相互碰撞，为争抢各自的位置蓬勃而出，有关交通、产业、生态方面的考虑也在描画中逐渐成形。

在结构成型的基础上，就是分区的设定，一个城市片区有不同的功能区域，按照规划结构明确各个分区所在的位置和大小。功能分区的考虑结合了各区域对交通、环境、相关性的考虑，相当于在结构的骨架上确定了各个部分的肌肉。功能区域一旦确定，就是根据不同功能区进行肌理的填充。这里所说的肌理是按照城市规划规范、建筑本身的体量大小、对外部空间的需求等确立的建筑和环境的格局。居住区的肌理会比较均质，建筑投影面积相对较小，外部空间比较宽敞；商业综合体的肌理会比较复杂，建筑投影面积大，外部空间相对紧密，会有完形化的空间形态；办公区的肌理按照商务办公和总部办公呈现不同的模式。

有了肌理的填充后，总平面图基本有血有肉，然后就是美化和重点强调的"化妆"工作。规划师将对广场、绿地、岸线、山体等外部空间进行美化，同时对规划结构上的主要建筑和主要公共空间进行细化强调，丰富其形态，以吸引人的注意力。在后续的三个过程中，也会根据出现的一些实际问题，对方案进行不断地调整，以获得最佳的方案成果。

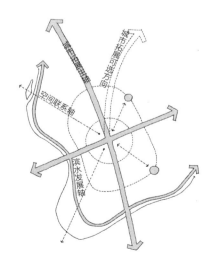

规划空间方案展开层次｜1 确立规划结构

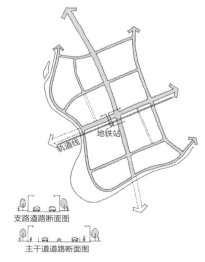

规划空间方案展开层次｜2 完善道路骨架

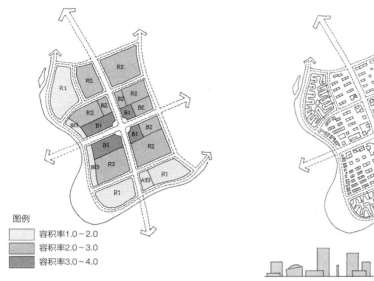

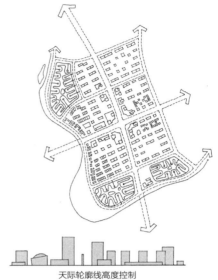

天际轮廓线高度控制

规划空间方案展开层次 | 3 划分用地功能

规划空间方案展开层次 | 4 填充建筑肌理

图例
容积率1.0~2.0
容积率2.0~3.0
容积率3.0~4.0

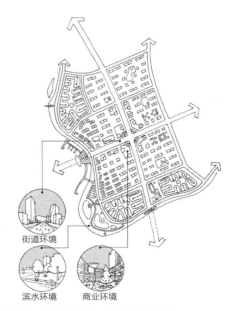

街道环境

滨水环境　商业环境

规划空间方案展开层次 | 5 刻画环境细节

这样的城市设计展开过程，始终贯穿着规划的创造性主线，然后在深化的过程中针对不同问题、不同专项进行空间上的落实，一旦规划总平面布局方案成形，就可以此为基础，展开其他的专项分析和论证。

和第四阶段不同的是，这一阶段是由简到繁的过程，虽然繁复，但章法明晰。

六、编制成果

从编制过程的实践来看，规划成果应该分为两个部分。

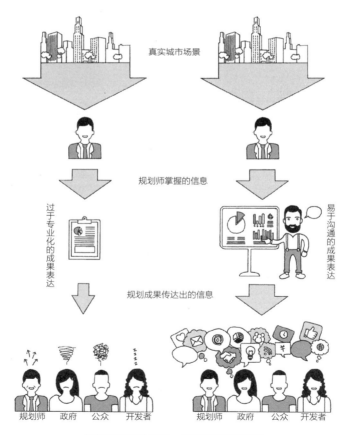

真实城市场景

规划师掌握的信息

过于专业化的成果表达

易于沟通的成果表达

规划成果传达出的信息

规划师　政府　公众　开发者　　　规划师　政府　公众　开发者

规划成果传达信息、创造沟通的重要性

　　一个部分是按照城市规划编制办法所形成的常规成果内容，比如说控制性详细规划所要求的文本、说明书、图则等。除了住房和城乡建设部颁发的《城市规划编制办法》外，针对控制性详细规划或者城市设计等，许多城市还制定了地方性法规，对具体的编制办法和成果形式进行了规定。这种通常意义下的成果，是规划设计单位向甲方提交的最终形式。

　　除了这一最终形式外，规划编制还需要很多中间成果。因为城市规划是一个长期的过程，在中间会用中间成果与甲方、规划管理部门及其他相关部门进行阶段性的汇报交流。毋庸置疑，中间成果的大部分内容也是符合最终成果要求的，但一般内容不会那么全面。更重要的是，中间成果的目的在于交流，它应该是一个平台，或者说一个靶子，将规划师对项目的思考梳理出来，供相关者讨论。

　　中间成果应该是一个摆脱规划套路桎梏、充分表达规划师创造力的平台，但更应该是一个通俗易懂、开放的交流平台。现行的城市规划成果是一种由专业术语表达的"文本"，这一文本对于专业设计机构、规划管理者和专业建设者来说是有意义的，但是对于决策者、使用者和公众来说，则显得过于专门化，缺乏一种有效传递信息的形式。很多时候规划师在批判城市领导和公众"不懂专业""只对具体形象的表现图"感兴趣。殊不知造成这一局面的正是成果的表达方式。城市规划成果要跳出技术文件的窠臼，成为不同行动者之间交流协商的工具，要做到城市规划成果表达"通俗化"。"通俗化"不仅要求城市规划的术语向规划管理操作的语言之间进行转化，还要求向城市管理决策层、使用者以及市民所能够领会的语言进行转化，即是向日常生活世界的语言进行转化。这一转化通过通俗易懂的文字和生动的形象，将城市规划成果包含的信息尽可能详尽地传达出去。通过这一过程，实际上也要求规划师必须理解这些受众的价值取向，并提供相应的说服依据。所以这一成果方式在无形中也拓展了城市规划考虑的范围。

七、方案汇报

　　汇报是城市规划编制最重要的环节，如何强调都不过分。曾经有一位国内规划大院的专家说过："三分规划，七分汇报"。许许多多城市规划的专家学者，用巧言善辩的口才，为城市领导和公众描绘出城市发展宏伟的蓝图，也为解决城市发展面临的问题提出一针见血的解决方案，得到了社会各界的一致认可，有利推进了规划编制工作。

汇报之所以如此重要，是在于汇报不是一个照本宣科的信息传播过程。好的规划汇报者在汇报前会进行详尽的准备，调动自己所有的专业储备，去捕捉听众的兴趣点，在汇报中运用具有逻辑性的展开方式，通过有感染力的语言，逐次解说有说服力的成果，最终打动听众。

从期期艾艾的新兵到妙语连珠的大师，需要经历几个阶段：最初的阶段是能够照着PPT的内容将成果念一遍；第二个阶段是不用照着念，可以看着图将内容表达出来；第三个阶段是能够站起来面对听众，通过幻灯片的提示将内容完整地陈述出来；第四个阶段是可以很有信心地、用有极强逻辑性的表达展现成果，并且能及时观察听众的反应，调整汇报重点和节奏；最高的阶段是汇报行云流水一气呵成，语言表达极具感染力，台下听众听得如痴如醉，听完后热烈鼓掌。

汇报水平的提高过程，并不单单是语言艺术水准的提升，还需要建立在对自身项目创造力的深度熟悉，对不同听众心理的准确把握，对自己从业以来各种知识储备的精准调配，以及现场各种突发情况的及时应对上。这一过程不可能一蹴而就，需要大量的临场锻炼和不断的总结积累，将伴随着自己的专业生涯一起成长。

虽然成长的过程漫长，但对于"新兵"来说，有几个方面是初期能做到的。

首先就是对自己方案的熟悉和大量的排练。对于汇报和演讲有许多辅导性的书籍，但不约而同地都强调大量的练习，在《乔布斯的魔力演讲》一书中，作者总结了乔布斯轰动世界的发布会表演的成功要素，其最后也是最重要一条就是多排练。汇报的自信心来源于对自己汇报材料的熟悉，多排练就是最好的熟悉过程。在熟悉方案的过程中，最好能够结合规划形成的逻辑线索，将自己的方案串联起来，这样一方面有助于自己记忆方案的重要环节，也有助于听众把握汇报的主旨，不至于走神。另外在排练时，为避免语言过于生硬，也可以在自己的讲稿或者幻灯片的提示语言中加上一些起承转合的口语，将其一起排练，让汇报能够生动一些。

其次是建立自信，汇报的感染力来源于汇报者的自信，除了对方案熟悉所建立的自信外，汇报者的形象和姿态也很重要。汇报者所处的位置很关键，在一个会议厅里，汇报者如果和其他听众一样，围坐在大型会议桌前，佝偻着身体，盯着电脑屏幕汇报，听众会很自然地忽略汇报者的存在，自顾自地翻看打印出来的文本或者走神开小差。但如果汇报者站立在屏幕前或显而易见的位置，指点方案、激扬文字，不仅能够让听众的注意力集中过来，还能取得一种居高临下的心理优势，增强汇报者的信心。另外，汇报前对个人形象的修饰也很重要。相对于建筑师来说，规划师的形象都比较低调，汇报时一般也就穿着平时工作时的服装。但我们不得不否认，这是一个注重个人形象的时代，对于第一次接触的听众来说，个人外表是判断的一个重要因素。因此规划师汇报的时候虽然不一定需要头油锃亮，西装三件套，却起码要显得干净整洁、精神饱满，给听众好印象的同时也增添自己的信心。

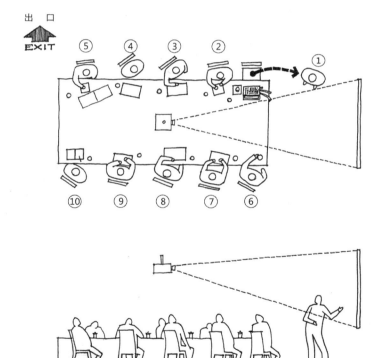

方案汇报位置示意：

1　规划单位汇报者，位于屏幕右前方，面对甲方主要领导
2　规划单位同事，负责会议记录与操作电脑
3、4、5　甲方相关部门人员
8　甲方主要领导
6、7、9、10　甲方其他领导

方案汇报空间示意

方案汇报注意事项

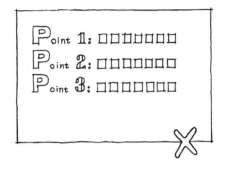

幻灯片演示要点1：每张幻灯片只有一个要点

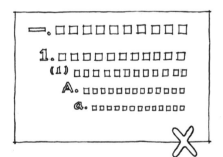

幻灯片演示要点2：慎用项目编号，用故事情节串联而不是编号

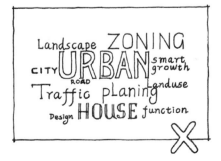
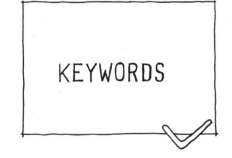

幻灯片演示要点3：幻灯片文字最好简化，只有关键字

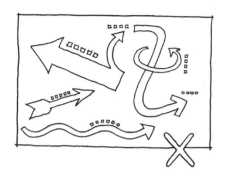

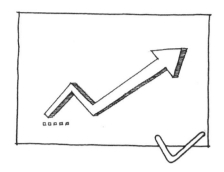

幻灯片演示要点4：图面信息不能太多

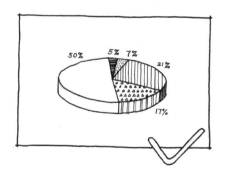

幻灯片演示要点5：修饰数字，更加直观化

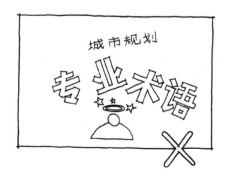

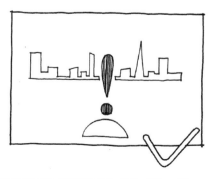

幻灯片演示要点6：避免堆砌术语，简单、具体、感性

八、结语：规划在于过程

前面所提及的城市规划的七个阶段是一种较为通用的流程，具体的手段还需要根据项目的实际情况进行选择或创新。但不论如何，规划师要理解城市规划是一门实践性的学科，城市规划的实效性也是在实践检验中逐步成形的，因此城市规划工作过程的重要性远远大于成果，正是有了这一由繁到简、再由简到繁的过程，融合了不同利益主体的诉求、融合了不同专业知识的判断、融合了规划师的辛勤劳动，规划才能够产生出应有的价值。

第五节
未来已来

改革开放带动了中国城镇化的快速发展，世纪之交毕业并就业的城市规划师们也充分享受到了这一发展红利，施展专业的空间广阔，回报也十分丰厚。但当我们放眼未来的时候，却发现乌云在地平线上聚集。

一、快速城镇化见顶

伴随着改革开放，中国的城镇化率得到极大提升，中国的城镇化率在1982年是20%，2000年时是35%，2016年已经达到57.35%。在这一过程中，社会财富的增加和人民需求的增加，推动了房地产业发展，而地方政府通过土地"招拍挂"制度，获得了充沛的财政收入，三者之间互相驱动，推动了城市扩张。城镇化目前已经成为中国谋求经济持续发展的希望和动力。随着城镇化快速推进，不少地方近几年掀起了一股造城热潮，从省会城市到小县城都在制定和实施规模可观的新城区建设计划。

2000年，中国城区人口为38823.7万人，城市建成区面积为22113.7平方千米；2016年，城区人口达到40299.17万，城市建成区面积达到54331.47平方千米。城市人口和建成区面积分别增加了3.8%和145.69%，土地城镇化明显快于人口城镇化。

据新华网报道，国务院一项截至2016年的关于12个省会城市和144个地级市的一项调查显示，省会城市平均一个城市规划4.6个新城（新区），地级城市平均每个规划建设约1.5个新城（新区）。要达到这些新城、新区的预期规划目标，总共需要住进去34亿人口，相当于中国目前人口的2.5倍。

遍布全国的新城建设出巨量的住宅。2013年，西南财经大学中国家庭金融调查与研究中心基于29个省、262个县、1048个社区的抽样调查形成的《城镇住房空置率及住房市场发展趋势》报告，披露了一组数据：中国的住房空置率已经高达22.4%，估计全国约有4900万套住房处于空置状态。

中国各地规划新城新区数量 （单位：个）

广东 215	山东 190	四川 190	安徽 172	江苏 168	河南 157
福建 155	浙江 153	河北 152	湖南 148	湖北 138	贵州 121
黑龙江 119	辽宁 118	江西 105	山西 99	陕西 96	广西 90
甘肃 80	吉林 77	云南 67	重庆 66	内蒙古 62	上海 48
天津 41	新疆 38	宁夏 32	北京 30	海南 21	青海 21
西藏 9					

典型大都市新区规划数量（单位：个） （数据来源：中国新城新区发展报告、中国城市统计年鉴）

沈阳 19	成都 18	广州 15	上海 12	天津 12	北京 11
南京 11	武汉 11	西安 9	郑州 7	重庆 5	汕头 4

中国新城建设热潮，2018年
（资料来源：我们分析了633个中国城市，发现四成在流失人口，网易新闻/数读）

从没有任何一个国家或地区的空置率如此之高。哪怕日本这种高度老龄化、少子化、城市化的国家，住房空置率才堪堪达到13.5%。中国空置率则是日本的1.66倍。巨大的空置率显示在很多三四五线城市，城市建设的规模已经远远大于城市人口的居住需求，这样的城市没有可预期的城镇化发展，规划项目也以肉眼可见的速度减少。

我们从前文城市规划理论思潮的变化中可以看到，西方的城市规划理论变化，也是在战后快速城市化达到顶峰后发生了巨大的转变，从相对简单的空间规划，转向了关注问题的社会规划和项目规划。从中国目前的发展趋势来看，城市规划的项目也会更加趋于管理和问题纾解，所以对于规划师的要求会更高，除了空间规划的专业技能外，还需要不断学习，掌握与城市问题有关的各学科知识，和其他行业人士一起，用新的方式解决城市问题。

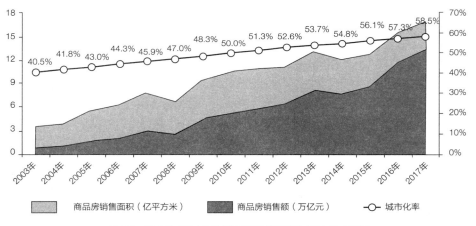

2003~2017年商品房销售面积和销售额与城市化率关系
（资料来源：中国房地产百强企业15年发展报告，中国房地产TOP10研究组）

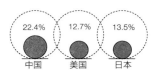

中国房屋空置率远高于美国、日本
（数据来源：5000万套空置房，与买不起房的年轻人，
网易新闻/数读，2018年）

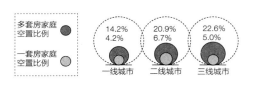

七成空置房分布在一至三线城市
（数据来源：5000万套空置房，与买不起房的年轻人，
网易新闻/数读，2018年）

二、人工智能的威胁

从AlphaGo与世界第一的棋王柯洁对弈开始，AI（人工智能）一直成为科技界热话。英国《金融时报》曾预言，直至21世纪末，我们熟悉的职业中有七成会被自动化技术取代。而就在不久前，BBC基于剑桥大学研究者的数据体系分析了 365 种职业的未来"被淘汰概率"。在不远的未来，规划师的工作将被取代吗？

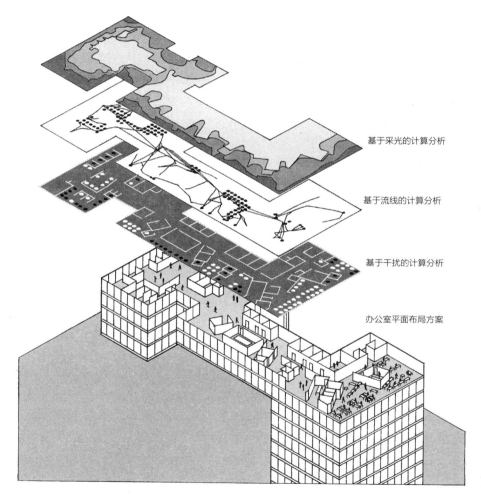

基于采光的计算分析

基于流线的计算分析

基于干扰的计算分析

办公室平面布局方案

人工智能设计办公室平面布局——Autodesk's Project Discover

首先来看看相对简单的平面设计行业。"鲁班"是阿里巴巴发布的智能设计平台。这个平台通过大数据对海量的设计原始文件中的图层作分类收集处理，把海报的组成元素分解成背景层、产品、文字等元素，然后进行深度学习后批处理成统一风格海报。2016年的"鲁班"为双11制作了1.7亿张海报。这些海报要是靠设计师人工去设计，假如一张图需要耗时20分钟，那么需要100位设计师连续工作300年。2017年，"鲁班"已经学习了上百万个设计师的创意内容，拥有演变上亿级的设计能力，可以实现一天作图4000万张，并且没有一张图会重样。每一次生产力的巨幅提升都会淘换一大批劳动人口，这是不可避免的，但是机器只能解决一些重复性很高的设计工作。设计风格都是人创造出来的，机器只能先录入设计风格才可以批量生产。所以未来创意型的设计师会越来越值钱，但是一些设计流程中不用大脑思考、纯粹机械操作的工作会逐渐被取代。

再看看建筑设计行业。著名的工程绘图软件公司Autodesk正在开发一个名为Project Discover的平台，Project Discover是一个用于生成式架构设计的设计方案平台。它包括集成一个基于规则的几何系统、一系列可度量的目标以及一个自动生成、评估和演进大量设计选项的系统。该

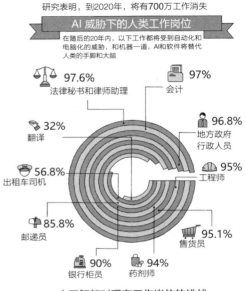

人工智能对现有工作岗位的挑战
（资料来源：Creatively Diagramming）

人工智能挑战下个人提升方向
（资料来源：Creatively Diagramming）

系统可以根据初始条件同时生成成百上千个方案，然后再根据设计师的偏好，对方案进行筛选，其结果是一个探索广阔设计空间的工具，并越来越接近同时实现所有目标。

城市规划行业也存在着大量可以被人工智能替换的空间——大数据可以更加详尽地收集城市信息，各种算法可以模拟不同城市布局的优劣，更高级的绘图软件还可以自动生成成果。在数据和算法的统治下，规划师仿佛变得无足轻重了。

未来规划师存在的意义，还是要立足于综合分析和解决问题的能力，沟通交往达成共识的能力。能够决策或者协助决策，这是人工智能在短时间内无法达成的。

为了积极应对人工智能的职业挑战，规划师可以尝试以下几个方面。

（1）避开所有重复性、机械式的劳务工作。简单的绘图和计算工作往往是可以被一个软件、一套程序所轻松完成，很容易被AI所取代。

（2）提升你的数字化协作能力。规划师需要知道如何借助网络这个平台与相关专业一起更加高效工作。在未来的网络时代，这样的技能会变得越来越重要。

（3）培养"批判式思维"。这是高等教育所追求的最高目标之一。不要让自己停留在搜集和整理资料的阶段，有创新能力的工作者才不容易被时代淘汰。

（4）培养终身学习计划，提升职业技能。城市总是在不断发展变化的，新的问题仍然会不断涌现出来。规划师需要不断学习去研究更加符合人类本性、更具有创意性的解决方案，打造一个属于你自己的技能组合包。

结语
面向未来的规划品质

城市规划的过程，是从混沌的真实城市出发，到专业的城市空间，再回归到真实的城市的过程。这一过程如此地复杂和充满变化，以至于我们难以事无巨细地构建一个严密的体系，只有依托"用专业语言定义的城市"这一可把握的中点，小心翼翼地向两端延伸，通过自身的实践行为，面对具体的现实问题。未来的中国规划师，必须认识到城市规划的实践性，具备主观能动、热爱生活、不断学习、有效沟通的品质。

　　规划师首先要在工作中树立自身的主体价值，发挥最大的能动性。主体价值不是空泛的口号，而是一种行动准则，即规划师必须要在面对城市问题的时候，调动自己的创造力，为城市更好的生活、为空间更好的品质去解决问题。规划师还要有能力将这种解决问题的方法转化为城市管理者、规划管理者和开发者的共识。有许多规划师，面对着日益繁重的工作，不愿意去开动脑筋，完全按照甲方的指挥棒去干活，或者按照某种套路去应付工作，自甘成为一个"工具人"，这种态度无法面对日益复杂的城市问题。

　　规划师还应该热爱生活。我的一位规划师朋友说过"一个好的规划师一定是热爱生活的。"因为日常生活给予了我们无穷的挑战，也造就了我们认识世界，解决问题的能力。城市五光十色的建筑、市井喧嚣的声浪、酸甜苦辣的味道、悲欢离合的情感

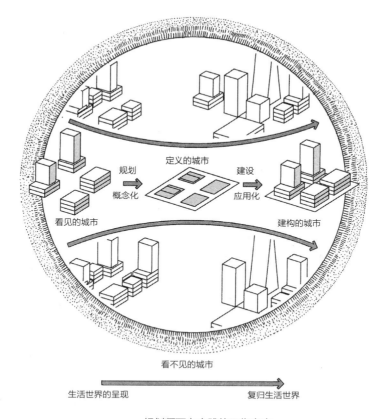

规划师面向实践的工作态度

塑造了真实的城市本身。生活在其中的规划师只有热爱它，永无止境地去探寻它的秘密，才能真正把握住城市的脉搏，做好自己的工作。

　　规划师必须要不断学习，这种学习的动力是不断面对新的问题带来的，也是在与不同行业和不同背景的人的交流中所启发的。规划师的学习并不限于坐在教室里听讲座，而是运用你在大学里掌握的学习能力，瞄准你所感兴趣的点，通过各种渠道去了解，而且一定要通过自己的规划实践转化成自身的技能。

　　规划师要认识到自己的工作不是简单的案头工作，而是能够真正影响城市空间改变的实践活动。这种工作不是靠规划师一个人就能完成的，必须要通过文字、图像、语言等多种方式，影响城市规划的决策者、建设者和使用者，说服各方面达成共识，实现城市规划的最终价值。规划师将不再是实践活动消极的参谋和旁观者，也应当逐渐走到前台，用自身的专业理论知识，讲大众能听懂的话，在城市规划实践活动中充当宣传员、教导员，去争取城市规划最大的实效性。

参考文献

[1] 鲍宗豪. 决策文化论 [M]. 上海三联书店，1997.

[2] 黄孟藩，王凤彬 [M]. 决策行为与决策心理. 机械工业出版社，1995.

[3] 司马云杰. 文化价值论 [M]. 山东人民出版社，1990.

[4] 樊勇明. 公共经济学 [M]. 复旦大学出版社，2001.

[5] 方福前. 公共选择理论 [M]. 中国人民大学出版社，2000.

[6] 彭和平. 公共行政管理 [M]. 中国人民大学出版社，1985.

[7] 张兵. 城市规划实效论 [M]. 中国人民大学出版社，1998.

[8] 孙施文. 城市规划哲学 [M]. 中国建筑工业出版社，1997.

[9] 孙施文. 城市规划法规读本 [M]. 同济大学出版社，1999.

[10] 齐康. 城市环境规划设计与方法 [M]. 中国建筑工业出版社，1997.

[11] 耿毓修. 城市规划管理 [M]. 社会科学技术文献出版社，1997.

[12] 夏祖华，黄伟康. 城市空间设计 [M]. 东南大学出版社，1992.

[13] 王建国. 现代城市设计理论与方法 [M]. 东南大学出版社，1991.

[14] 王建国. 城市设计 [M]. 东南大学出版社，1999.

[15] 金广君. 图解城市设计 [M]. 黑龙江科学技术出版社，1999.

[16] 段进. 城市空间发展论 [M]. 江苏科学技术出版社，1999.

[17] 同济大学建筑城规学院. 发达国家和地区的城市规划体系（研究课题）[M]. 1998.

[18] 李道增. 环境行为学概论 [M]. 清华大学出版社，1999.

[19] 江曼琦. 城市空间结构优化的经济分析 [M]. 人民出版社，2001.

[20] 雷翔. 走向制度化的城市规划决策 [M]. 中国建筑工业出版社，2003.

[21] 王世福. 面向实施的城市设计 [M]. 中国建筑工业出版社，2005.

[22] 余峰梅. 模糊的拱·建筑性的现象学思考 [M]. 知识产权出版社，2006.

[23] 包亚明. 后大都市与文化研究 [M]. 上海教育出版社，2005.

[24] 张萍. 城市规划法的价值取向 [M]. 中国建筑工业出版社，2006.

[25] 周进. 城市公共空间建设的规划控制与引导 [M]. 中国建筑工业出版社，2005.

[26] 童明. 政府视角的城市规划 [M]. 中国建筑工业出版社，2005.

[27] 陈立旭. 都市文化与都市精神 [M]. 东南大学出版社，2002.

［28］孙施文. 现代城市规划理论［M］. 中国建筑工业出版社，2007.

［29］吴志强，李德华. 城市规划原理［M］. 中国建筑工业出版社，2010.

［30］韩茂莉. 中国历史地理十五讲［M］. 北京大学出版社，2015.

［31］李孝聪. 中国城市的历史空间［M］. 北京大学出版社，2015.

［32］高金波. 智能社会［M］. 中信出版社出版，2016.

［33］薛凤旋. 中国城市及其文明的演变［M］. 北京联合出版公司，2019.

［34］马武定. 一个规划工作者之路——马武定教授城市规划论文集［M］. 中国建筑工业出版社，2017.

［35］（英）尼格尔·泰勒. 1945 年后西方城市规划理论的流变［M］. 李白玉，陈贞，译. 中国建筑工业出版社，2006.

［36］（英）拉斐尔·奎斯塔，克里斯蒂娜·萨里斯，保拉·西格诺莱塔. 城市设计的方法与技术［M］. 扬至德，译. 中国建筑工业出版社，2006.

［37］（美）肯尼思·科尔森. 大规划——城市设计的魅惑与荒诞［M］. 游宏滔，译. 中国建筑工业出版社，2006.

［38］（日）相马一郎，佐古顺彦. 环境心理学［M］. 周畅，李曼曼，译. 中国建筑工业出版社，1986.

［39］（美）伊里尔·沙里宁. 城市——它的发展、衰败和未来［M］. 顾启源，译. 中国建筑工业出版社，1986.

［40］（美）阿莫斯·拉普普特. 建成环境的意义——非言语表达方法［M］. 黄兰谷，译. 中国建筑工业出版社，1992.

［41］（美）刘易斯·芒福德. 城市发展史：起源、演变和前景［M］. 倪文彦，宋峻岭，译. 中国建筑工业出版社，1989.

［42］（美）麦克哈格. 设计结合自然［M］. 芮经纬，译. 中国建筑工业出版社，1992.

［43］（美）凯文·林奇，加里·海克. 总体设计［M］. 黄富厢、朱琪、吴小亚，译. 中国建筑工业出版社，1999.

［44］（美）凯文·林奇. 城市的印象［M］. 项秉仁，译. 中国建筑工业出版社，1990.

［45］（英）霍华德. 明日的田园城市［M］. 金经元，译. 商务印书馆，2000.

［46］（美）E·培根. 城市设计［M］. 黄富厢，朱琪编，译. 中国建筑工业出版社，1990.

［47］（美）克里斯托弗·亚历山大. 城市并非树形［M］. 严小婴，译. 建筑师，1985（24）.

［48］（荷兰）根特城市研究小组. 城市状态：当代大都市的空间、社区和本质［M］. 敬东，谢倩，译. 中国水利水电出版社，知识产权出版社，2005.

［49］（英）弗朗西斯·蒂巴尔兹. 营造亲和城市——城镇公共环境的改善［M］. 鲍莉，贺颖，译. 知识产权出版社，中国水利水电出版社，2005.

［50］（英）Matthew Carmona. 城市设计的维度［M］. 冯江，译. 百通集团，2005.

[51]（美）Michael J，Dear．后现代都市状况［M］．李小科，译．上海教育出版社，2004．

[52]（英）詹姆斯·C．斯科特．国家的视角：那些试图改善人类状况的项目是如何失败的［M］．王晓毅，译．社会科学文献出版社，2019．

[53]［法］让-克劳德·戈尔万．鸟瞰古文明：130 幅城市复原图重现古地中海文明［M］．严可婷，译．湖南美术出版社，2019 年．

[54]（美）理查德·佛罗里达．新城市危机：不平等与正在消失的中产阶级［M］．吴楠，译．中信出版集团，2019．

[55]（日）东京大学都市设计研究室．图解都市空间构想力［M］．赵春水，译．江苏科学技术出版社，2019．

[56]（英）约翰·里德．城市的故事．郝笑丛，译．生活·读书·新知三联书店，2016．

[57]（英）彼得·霍尔．明日之城：1880 年以来城市规划与设计的思想史［M］．童明，译．同济大学出版社，2017．

[58]（以色列）尤瓦尔·赫拉利．人类简史［M］．林俊宏，译．中信出版集团，2017．

[59]（以色列）尤瓦尔·赫拉利．今日简史［M］．林俊宏，译．中信出版集团，2018．

[60]（以色列）尤瓦尔·赫拉利．未来简史［M］．林俊宏，译．中信出版集团，2019．

[61]（美）丹尼尔·布鲁克．未来城市的历史［M］．钱峰，王洁鹏，译．新华出版社，2016．

[62]（西班牙）比森特·瓜里亚尔特．自给自足的城市［M］．万碧玉，译．中信出版社，2014．

[63]（美）爱德华·格莱泽．城市的胜利［M］．刘润泉，译．上海社会科学院出版社，2012．

[64]马武定．走向与管理接轨的城市设计［J］．城市规划，2002（9）．

[65]马武定．城市规划本质的回归［J］．城市规划学刊，2005（1）．

[66]马武定．制度变迁与规划师的职业道德［J］．城市规划学刊，2006（1）

[67]庄宇．城市设计的运作［D］．同济大学博士学位论文，2001．

[68]王富海．从规划体系到规划制度［J］．城市规划，2000（1）：28-33．

[69]王建国．21 世纪初中国城市设计发展前瞻［J］．建筑师，2003（1）：19-25．

[70]杨贵庆．试析当今美国城市规划的公众参与［J］．国外城市规划，2002（2）：2-5．

[71]于泓．Davidoff 的倡导性城市规划理论［J］．国外城市规划，2000（1）：30-33．

[72]于泓，吴志强．Lindblo 与渐进决策理论［J］．国外城市规划，2000（2）：39-41．

[73]伍美琴，吴缚龙．挑战与机遇——西方规划理论对中国城市规划的启示［J］．国外城市规划，1994（4）：14-19．

[74]张留昆．深圳市法定图则面临的困难及对策初探［J］．城市规划，2000（8）：28-30．

[75]张楠，孙丽宁，王英姿．我国城市设计发展的回顾与展望［J］．湖南大学学报，1998（2）：109-112．

[76] 张庭伟. 超越设计：从两个实例看当前美国规划设计的趋势 [J]. 城市规划汇刊，2002（2）：4-9.

[77] 张庭伟. 城市发展决策及规划实践问题 [J]. 城市规划汇刊，2000（3）：10-17.

[78] 张庭伟. 社会资本——社区规划及公众参与 [J]. 城市规划，1999（10）：23-26.

[79] 张庭伟. 从"向权力讲授真理"到"参与决策权力"——当前美国规划理论界的一个动向："联络性规划" [J]. 城市规划，1999（6）：33-36.

[80] 候全华，吴峰. 城市控制性详细规划与城市设计的融合 [J]. 社会科学家，2006（9）：137-139.

[81] 王瑛，张若冰，梁浩. 从长期的城市设计实践过程中解读城市设计 [J]. 城市规划，2006（9）：79-83.

[82] 周卓艳. 建筑现象学的方法论思考 [J]. 山西建筑，2006（3）：15-16.

[83] 周贵华. 试论胡塞尔现象学方法的四重含义 [J]. 襄樊学院学报，2004（1）：10-14.

[84] 徐晓风，张艳涛. "面向事情本身"——现象学方法的普遍原则 [J]. 北方论丛，2006（2）：115-118.

[85] 李建军. 当代建筑中哲学思潮的发展 [J]. 山西建筑，2006（1）：24-25.

[86] 周亚杰，高世明. 中国城市规划60年指导思想和政策体制的变迁及展望 [J]. 国际城市规划，2016（1）：53-57.

[87] 张庭伟. 转型期间中国规划师的三重身份及职业道德问题 [J]. 城市规划，2004（3）：66-72.

[88] 吴志强，于泓. 城市规划学科的发展方向 [J]. 城市规划学科，2005（6）：2-10.

[89] 陈恒，鲍红信. 城市美化与美化城市——以 19 世纪末 20 世纪初美国城市美化运动为考察中心 [J]. 上海师范大学学报(哲学社会科学版)，2011（3）：59-65.

[90] 王维山. 密尔顿凯恩斯新城规划建设的经验和启示 [J]. 国外城市规划，2001（2）：46-48.

[91] 吴志强. 人工智能辅助城市规划 [J]. 时代建筑，2018（1）：6-11.

致谢

个人才疏学浅，又有严重的拖延症，这本关于城市规划的科普读物最终能够成书，离不开众多师长和朋友们的帮助。

首先感谢重庆大学建筑城规学院的褚冬竹教授。褚老师牵线搭桥，促成了这本小书的写作，特此感谢。

其次感谢中国建筑工业出版社的徐冉老师。面对我一次次的拖延，徐老师保持了无比的耐心，给予了很多的成书建议，让我感到十分惭愧，在此特别感谢。同时也感谢中国建筑工业出版社的刘丹老师，她尽心尽力帮我修改文稿，指出了文中的疏漏之处，让书稿能够以更专业的面貌呈现出来。

感谢我的硕士生导师赵万民教授。赵老师是我规划学术的领路人，传授给我城市规划的专业知识，也培养了我对钢笔画的爱好。犹记读研究生时期随赵老师前往重庆龚滩古镇写生一周，是一段永远难忘的快乐时光。

感谢我的博士生导师马武定教授。马老师的专业生涯横跨学术研究和规划管理，在两个领域都有所建树。马老师对于城市的研究有着广阔的视野，同时又秉持面向实践的态度。马老师的治学方式启发了我的博士论文，也极大地影响了本书的写作。

感谢南京城理人城市规划设计有限公司的刘晶晶先生和陈旭东先生，感谢深圳市城市规划设计研究院上海分院的张光远先生，感谢上海市城市规划行业协会的王剑先生。感谢这几位朋友在本书写作过程中提出的大量宝贵建议。

感谢浙江一禾百川传媒有限公司的裘浙锋先生和陈丹丹女士，在本书的选材和排版方面给予的宝贵建议。

感谢十几年规划专业生涯中结识的合作伙伴、设计同行以及其他行业的朋友们，感谢提供大量实践机会的各位甲方们，让我得以在不同类型的规划工作中不断迎接挑战、不断思考，找寻城市规划真正的意义。

最后感谢我的夫人刘怡和女儿刘雅文，夫人承担了大量家务，女儿乖巧可爱，让我得以专心写作。她们不断的鼓励也是我得以完成此书的动力。

刘　征

2020年6月于上海